前沿答问

与14位物理学家的对话

苗千 著

生活·讀書·新知 三联书店　　生活書店出版有限公司

图书在版编目（CIP）数据

前沿答问：与14位物理学家的对话 / 苗千著. --北京：生活书店出版有限公司, 2024.6
ISBN 978-7-80768-429-9

Ⅰ. ①前… Ⅱ. ①苗… Ⅲ. ①物理学—青少年读物 Ⅳ. ①O4-49

中国国家版本馆CIP数据核字(2023)第168074号

插画：分峪

责任编辑　程丽仙
特邀编辑　廉　勇
封面设计　赵　欣
内文制作　朱丽娜
责任印制　孙　明
出版发行　生活书店出版有限公司
（北京市东城区美术馆东街22号）
邮　　编　100010
印　　刷　北京启航东方印刷有限公司
版　　次　2024年8月北京第1版
2024年8月北京第1次印刷
开　　本　635毫米×965毫米　1/16　印张15
字　　数　165千字
定　　价　68.00 元
（印装查询：010-64004884；邮购查询：010-84010542）

硬核知识点 50

目 录

关于《前沿》的前言

读者们现在拿在手里的这本书，源于我的编辑，也是我的领导——《三联生活周刊》副主编曾焱在2018年对我的启发和鼓励。当时我住在英国伦敦，虽然仍然在为周刊写作，但是因为身在异国，与编辑的直接联系不多，写作的题目主要限于我一周一次、每篇大约2500字的科学专栏。

曾焱鼓励我，不如利用我身在英国，周围名校和科学家众多的优势，以及我自己的专业特点和爱好，开发一个全新的栏目。这个栏目以我对身在英国的学者的采访为主，至于采访对象和采访内容，主要由我自己决定。因为我自己受过多年自然科学的训练，我的采访对象自然是以科学家尤其是物理学家为主，访谈的主题也会聚焦在当今科学研究的前沿领域。由此，这个名为《前沿》(*Frontier*)的新栏目诞生了。

确定了栏目的主旨之后，我向几位我素来仰慕且正好身在英国的物理学家发出了采访邀约。我希望能够借着这个机会，得到与这些大科学家面对面谈话的机会，这对我自己来说，曾经也是不可想象的。

非常幸运的是，在发出邀请之后不久，我就收到了剑桥大学著名物理学家、英国皇家学会前任会长马丁·里斯（Martin Ress）的回复。于是，马丁·里斯就成了我的第一位采访对象。可以说，迄今四年多的时间过去了，我前往剑桥大学三一学院与他对话的场景依然记忆犹新。这位须发皆白的老者，面对我的问题娓娓道来，思路和讲述都极为清晰。这次采访后来也作为《前沿》的第一篇稿件《我们生活在最危险的世纪》发表在《三联生活周刊》。

之后我的信心逐渐增强，开始向越来越多的科学家，甚至是人文领域的专家发出采访邀请。就这样，在两三年的时间里，我不仅采访了一众物理学家，还有人类学家、哲学家等。我的采访区域也逐渐从英国扩展到了整个欧洲大陆。我曾经飞赴马赛采访著名的物理学家和科普作家卡洛·罗韦利（Carlo Rovelli）；也曾经前往奥地利，采访奥地利大学知名的量子光学专家安东·蔡林格（Anton Zeilinger）。

这些采访经历，与其说是为了《前沿》栏目东奔西走，不如说更多是为了满足我个人对于物理学研究以及物理学家的好奇。2019 年，借着访问美国的机会，我一路经过纽约、波士顿、芝加哥、圣地亚哥、洛杉矶等地，采访了众多的美国科学家。这些采访成果，大多发表在《三联生活周刊》。而对于我来说，这些采访经历更是终生难忘的财富。

这个需要大量旅行、以面对面采访为主的栏目虽然受到了新冠疫情的很大影响，但是几年时间过去，《前沿》仍然算得上是收获颇丰。打开电脑中名为“前沿”的文件夹，里边收集了 23 篇访谈，采访对象有 5 位诺贝尔奖得主、1 位菲尔茨奖得主和 1 位图灵奖得主。如果按照研究领域划分，则包括了物理学家、数学家、计算机科学家、哲学家以及人类学家。

现在读者拿在手上的这本书，就是从《前沿》目前总共 23 篇访谈中选取出来的 15 篇具有代表性、题材也比较一致的访谈。这些访谈集中在科学领域，便于给读者们带来比较一致的、对于物理学前沿领域的大致理解。在这些访谈出版之前，我还在原来的基础之上，给 9 篇访谈分别加上了一则采访手记。我相信这些手记能够帮助读者最大限度地理解我进行采访的动机以及采访时的情形。

“前沿”栏目仍然在继续。就在我为本书撰写前言之前，我刚刚给我的下一位采访对象发去了邀请邮件。新冠疫情带来的影响仍然没有消除，我不得不把很多采访改为在线上进行，但新冠疫情无法阻止科学的前进，科学前沿一直在向前推进，我的这份工作也将一直进行下去。

我想这本书不会是《前沿》栏目的唯一一本书。在未来，随着访谈内容的逐渐增多，还会有更多的、涉及领域更广的访谈内容被结集出版。我希望借着这个机会，能够和读者们不断进步，也希望读者们不吝赐教，对于我、对于《前沿》栏目，给出你们的建议。

苗千

2022 年 4 月

马丁·里斯

我们生活在最危险的世纪

马丁·里斯
MARTIN REES
英国皇家学会前任会长
天体物理学家

采访手记

马丁·里斯男爵（Martin Rees，Baron Rees of Ludlow）可以说是剑桥大学乃至整个英国学术界最具代表性的人物之一。我还在剑桥大学读书时，就久闻其大名，却从来都无缘得见，更不曾有过任何交流。正是因为如此，我才把他列为“前沿”计划的第一位被采访者。很幸运的是，里斯很快就通过邮件接受了我的采访邀请。我们约定于一个下午，在剑桥大学三一学院的大门口见面。

里斯并未准时在学院门口与我见面。我向学院的看门人（porter）说明我和里斯的约定，就连看门人也感到吃惊。他告诉我，里斯和人见面时极少迟到。无奈之下，我只好在附近的一家咖啡馆里给里斯发了一封邮件，询问今天是否还能见面采访——很快就收到了他的回信，这封信以道歉开头。里斯说他把见面的时间记错了一个小时，很抱歉让我在门口空等。于是我们干脆约定推迟一个小时再见面。

一小时之后，里斯在学院门口将我接进了他在学院里的住处。他曾经担任过三一学院的院长，在这期间他住在院长专属的住宅里——根据有幸去做客的同学描述，里边装修得富丽堂皇，如同一个博物馆——毕竟三一学院是世界上最为著名且富有的学院之一。如今里斯已经卸任学院院长一职，只是住在学院一个简朴的套间里，与学生宿舍并没有太大区别。

我对里斯产生强烈的兴趣，不仅是因为他本人取得了辉煌的学术成就，同时我还对他的学术传承，以及他身上鲜明的“英国性”都深感兴趣。里斯的博士生导师丹尼斯·夏玛（Dennis Sciama）就曾经是英国物理学界和天文学界标志性的人物之一。夏玛不仅学术水平高超，更是名师出高徒，教导出了大批优秀的学生，成为英国学术界下一代的中流砥柱。除了里斯之外，如著名的史蒂芬·霍金（Stephen

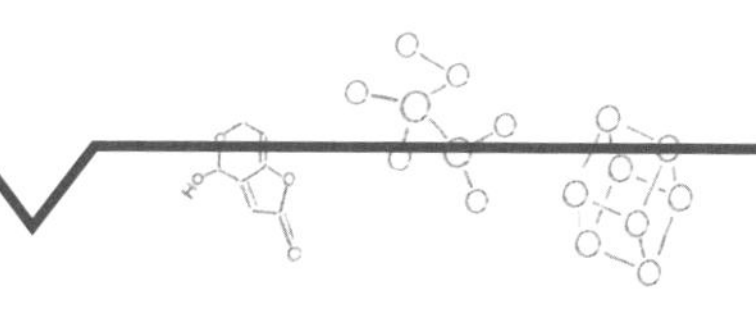

William Hawking)，牛津大学量子计算学家大卫·多伊奇（David Deutsch），以及当时剑桥大学应用数学及理论物理学系主任约翰·巴罗（John Barrow）都是夏玛的学生。

至于学者身上的“英国性”，则是一件很难准确描述的感觉。以夏玛本人以及他的这几位高徒为例，这些英国学者不仅进行学术研究，同时还积极撰写科普读物，热衷于向大众发言，把深奥的科学理论通过简单的语言向公众讲解。另外，这些科学家也都不是单纯的“理工男”，他们大多在文学、艺术等领域有很深的造诣。除此之外，英国科学家也大多善于想象。和他们谈话时，他们可能会把坚实的科学事实和他们对于遥远的未来的思考结合起来讲，把科学甚至是科幻的魅力，发挥到极致。

正是因为如此，在采访里斯的过程中，我并没有把话题局限在他的研究本身，而是准备了一些并没有“标准答案”的问题。在他的客厅里，里斯语气温和，言语里满是鼓励，看我的眼神也温和且坚定。我当时并没有多少与科学家面对面谈话的经历，但也很快就放松下来，从他的求学经历开始谈起，一直谈到宇宙暴胀、多重宇宙等话题。

面对宇宙学中一些没有明确答案的问题，里斯毫不回避，而是娓娓道来他自己的观点。其实不仅如此，他的回答甚至称得上是一种简单的科普，在进行回答之前，他首先会把一个科学理念或难题分析得十分透彻。最后，里斯不仅阐明了他在自己书中的观点，认为 21 世纪是一个人们需要面临诸多危险的世纪，同时还展望了生命的未来。

在采访结束之后，里斯不仅按照约定发来一张他的照片以配合文字发表，还再次为他因记错时间迟到一个小时而表达了歉意。随后我把采访录音整理成文字——全文超过了万字。我和编辑都感觉这个采访稍长，应该删掉一些内容，但里斯的思路极其清晰连贯。对于一些问题，他的回答有两三千字，其中一环套着一环，既不需修改，也无处可以删除。最后我和编辑共同决定——全文发表。

引子

人们经常讨论更传统的威胁，例如飞机坠机、食物危机、低剂量的核辐射等。实际上我们对于新技术可能造成的恶果讨论得还远远不够。

马丁·里斯男爵是目前英国科学界最具代表性的人物之一。他本科毕业于剑桥大学数学系，之后选择天体物理学研究。他的大多数的科研时间也在剑桥大学度过，在天体物理学领域取得了杰出的成就，著有超过500篇科学论文，对于宇宙微波背景辐射的起源做了很多重要的研究工作。他也是研究银河系和类星体性质的权威人物。在2005至2010年间，他担任了英国学术最高机构——英国皇家学会（Royal Society）的会长。他还曾经在2004至2012年间担任剑桥大学著名的三一学院的院长。

> 小知识
>
> **宇宙微波背景辐射**
>
> 根据目前的宇宙学理论解释，宇宙微波背景辐射（cosmic microwave background radiation）产生于宇宙大爆炸发生大约38万年之后，其中含有宇宙初期状态的很多信息。
>
> 在诞生初期，宇宙中充满了高温等离子体，光子还不能自由传播。随着宇宙逐渐膨胀和冷却，电子和质子结合形成中性的氢原子，光子才可以自由传播。这些自由传播的光子构成了我们现在观测到的宇宙微波背景辐射。它现在的温度大约为2.7K。人类在20世纪60年代首次发现了宇宙微波背景辐射，此后就对其进行了越来越细致的探测和研究。

作为一位理论天体物理学家，近年来马丁·里斯越来越多地开始作为一位公众人物向大众做讲座和撰写科普书籍。他在2003年出版了《我们最后的世纪：文明能否在21世纪幸存？人类能否在21世纪幸存？》（以下简称《我们最后的世纪》），呼吁人们认识到在21世纪整个人类文明所面临的前所未有的威胁。

21世纪已经过去了17%，距离他当初出版《我们最后的世纪》一书也已经过了十几年。已经70多岁的马丁·里斯仍然在进行科研工作，他对于人类天文学研究的未来有什么憧憬，对于人类的未来又有什么看法？他是否已经改变了主意，或是依然认为21世纪是对于人类文明来说最危险的世纪？

多重宇宙理论，会不会变成一种“宗教”？

苗千：宇宙暴胀（inflation）理论一直是天文学领域的一个热门话题，它有很多支持者，也有人对此持怀疑态度。你认为人类会在近期发现宇宙暴胀的证据吗？

马丁·里斯：宇宙暴胀是一个关于极早期的宇宙形态变化的想法，它可以解释一些现象，比如说为什么宇宙各处这么平均和类似，这仍然是一个推测性的想法。因为当时的宇宙条件非常极端，粒子的能量比现在人类在粒子加速器里能够制造出的最高的粒子能量还要高出几十亿倍，所以在这种条件下，物理学还不确定，宇宙暴胀理论还只是推测性的。但是我想我们通过宇宙学观测，会对早期的宇宙形态了解得越来越清楚。比如说通过宇宙微波背景辐射的波动状况做出各种探测。

宇宙暴胀理论是目前我们解释早期宇宙发展的最好的理论，虽然在某些方面它得到了验证，但它仍然不是一个确凿的科学理论。这和我们对于恒星、星系的理解就截然不同了，因为我们在实验室里对于原子物理学和核物理学的理解已经比较深刻了（因此可以对恒星和星系发展的过程了解得比较详细）。可以说宇宙暴胀理论是目前最有希望的理论，当然也有物理学家坚持认为想要理解早期宇宙的状态，我们需要有融合了量子力学和相对论的“**大统一理论**”。

小知识

大统一理论

大统一理论（grand unified theories）是一个物理学概念，也是目前物理学家所追求的最高目标。所谓大统一理论，是要将目前人类所发现的四种基本相互作用——强相互作用、弱相互作用、电磁相互作用和引力作用，放入一个统一的理论框架中。目前科学家们已经实现了弱相互作用和电磁相互作用的统一，但是尚未实现对于强相互作用，尤其是用广义相对论描述的引力作用的统一。尽管目前有很多关于大统一理论的假说，但是距离实现这个目标，真正实现物理学的统一，还有很远的距离。关于大统一理论的研究，也是目前物理学最活跃的一个研究领域。

苗千：如果你可以选择，而且必须选择的话，你认为宇宙是怎么样的一种存在模式？

马丁·里斯：我想我们现在已经有了一个推测性的宇宙暴胀理论。最近10年里，宇宙学研究中一个很重要的进展就是理解了宇宙后来的演化进程。我们以误差

小知识

宇宙常数

宇宙常数（cosmological constant）是宇宙学研究中的一个参数。爱因斯坦在1915年提出了可以描述整个宇宙状态的广义相对论。为了获得一个在理论上处于稳定状态的宇宙模型，爱因斯坦在1917年将宇宙常数引入了广义相对论中。但在不久之后，人们发现整个宇宙处于膨胀的状态中，这让爱因斯坦意识到自己犯了一个错误。到了20世纪末，人们又发现整个宇宙处于加速膨胀之中。这也就意味着存在某种驱动力推动宇宙的膨胀。人们用“暗能量”来描述这种驱动力，而宇宙常数也就重新出现，成为描述暗能量的一个参数。

不超过 1% 的精度理解了宇宙大爆炸 138 亿年之后的宇宙状态。我们理解了宇宙的构成；我们意识到在宇宙中普通物质和暗物质的总量；我们也理解除了引力之外，在宇宙中还有一股奇怪的力在推动着宇宙加速膨胀（暗能量），这有可能就是爱因斯坦所说的“宇宙常数”。我们已经认识到了目前宇宙中最重要的一些相互作用，也理解了宇宙的成分，即便如此，要对宇宙的未来进行任何预测都不大靠得住。

当然，对于宇宙的最简单的预测，就是它将会永久地保持膨胀趋势，最后到达一个空洞、冰冷的状态。这种情况也可能不会发生，因为促使宇宙加速膨胀的能量我们还完全不了解，也许它还会成为吸引力。另外一个让我感兴趣的话题，就是物理实在的极限在哪里，所有的时空究竟有多大？我们能够通过望远镜所观测到的宇宙范围无与伦比地宽广，但仍是有限的，因为这最终是由在宇宙大爆炸之后有多少光能够到达我们这里所决定的。从这个角度来说，有一个宇宙的“圆球”围绕着我们，这是我们能够做出的观测的极限——但这并不是物理实在的极限。你只是大洋中的一艘小船而已，你肯定不会认为，在你看不到的地方海洋就不存在。所以我们估计，宇宙中无法观测到的星系数量，要远远比我们所能观测到的星系数量更多。从这个角度来说，时空的范围要比我们所能观测到的广阔得多。

这还不是全部。我们所能观测到的广阔宇宙，还有我们所不可能观测到的宇宙部分，都还只是宇宙大爆炸发生之后所产生出的后果。那么还存在另外一个问题：我们的宇宙大爆炸是唯一的一次宇宙大爆炸吗？会不会还存在其他宇宙大爆炸，产生出了其他时空领域，与我们的宇宙完全不同？这就是我们通常所说的“多重宇宙”。当然了，这也还只是一种推测，但是目前有一些理论，包括根据俄裔美国宇宙学家安德烈·林德（Andrei Linde）的推测，会有所谓“永恒暴胀”（意思是说只要宇宙暴胀曾经发生过一次，那么它就会在宇宙的某个区域不断地发生，成为永恒暴胀），会有更多的宇宙大爆炸。从这个角度来说，物理实在的概念就更广阔了。

小知识

多重宇宙

多重宇宙（multiverse）理论最初是由美国物理学家休·埃弗里特三世（Hugh Everett Ⅲ）在1957年提出的一个理论，用以解释量子力学的概率性描述。根据多重宇宙理论的解释，除了我们所生活的宇宙，可能还存在着无数个与之类似的宇宙。每当人们对于量子系统进行“观测”时，宇宙就会“分裂”出更多的平行宇宙。如今，多重宇宙理论已经不仅被用于解释量子力学，也被应用到宇宙学中，出现了众多的版本，还在科学、哲学和流行文化等多个领域造成了巨大的影响。尽管如此，目前还没有任何证据证明多重宇宙的存在。

这又引出了另外一个问题：如果经由不同的宇宙大爆炸产生出了不同的宇宙，它们与我们这个宇宙的物理定律会相同吗？比如说弦理论（string theory）就预测，真空存在有不同状态，其中可能存在不同的物理定律。这样我们就可以想象，由完全不同的物理定律所支配的完全不同的宇宙，会使宇宙学变得无比复杂，我们根本无法理解，但这是可能的。

苗千：你是从什么时候开始倾向于支持多重宇宙理论的？

马丁·里斯：我不会说我支持多重宇宙理论，我只是说我认为这是一个选择，是值得去认真考虑的一种可能。有些人压根就不去考虑多重宇宙的可能性，因为他们根本不喜欢这个想法。但是问题在于，宇宙完全没有理由按照我们所喜欢的方式构建。有些人喜欢认为，这个宇宙足够简单，因此我们可以充分理解它，最终找到充分的数学手段来描述它——但是它也有可能更复杂。因此我肯定会考虑多重宇宙理论，并且想象有被完全不同的规则所支配的宇宙，不允许复杂生命的出现，这是一种可能性。

就像是历史学家们经常问的那些假设性的问题，比如说如果欧洲人并没有发现美洲大陆会发生什么，如果中国在16世纪向欧洲扩张会发生什么，思考这些假设性的问题是有意义的，而且思考这类问题也有助于我们想象，其他形式的宇宙可能是什么样的，即使这并不真实。当然，还有另外一种可能，就是这些宇宙是真实存在的。我想开始认真思考有这种可能性的理论物理学家的数量越来越多了。一开始这只被认为是一种非常特殊的想法，但是现在越来越多的科学家认为多重宇宙理论就是真实的情况。我个人认为我们应该去探讨这些想法，但是我也不赞同对这样的想法过于狂热，因为我们现在还并不完全清楚。

苗千：宇宙学家们所说的多重宇宙理论，与量子物理学家——从休·埃弗里特三世开始所讨论的所谓量子力学领域的多重宇宙，有没有相似之处？

马丁·里斯：这两者是不一样的，是完全不同的

小知识
量子力学

量子力学是在20世纪初的物理学革命中诞生的一个用以解释微观世界的全新理论。它为人类提供了一个描述和预测微观世界的理论和数学框架。根据量子力学，一个系统由“波函数”进行描述。而当观测者对这个波函数进行“观测”时，则会造成波函数的“塌缩”，从而概率性地给出一个观测数值。量子力学对于微观世界的描述与人们日常生活的经验有很大的差别，目前对于量子力学的“诠释”也存在着多个不同的版本，但它已经成为支撑人类现代文明的基础性理论。

想法。它们有可能都不成立，或者只成立一个，或者两个都成立。埃弗里特三世的想法是目前最能够解释量子力学的一个方法，但是从这个理论出发会得出结论——所有的宇宙都是被同样的物理定律所支配的，这（和宇宙学家们所说的多重宇宙理论）不完全一样。当然这也是另一个例子，很多人只是认为这个想法过于复杂，所以他们就不去认真考虑。问题在于，这个宇宙没有任何理由不变得过于复杂。我们做研究时当然都会从最简单的理论入手，但是你不能期待最简单的理论总是正确的。爱因斯坦曾经说过，你应该让事情变得尽可能简单，但不是过于简单。

苗千：如果我们始终找不到关于多重宇宙理论的天文学证据，它会不会变成一种“宗教”，从而造成天文学界的分化呢？

马丁·里斯：这种情况只有在人们有非常强烈的信仰的情况下才会发生，但是就像我之前说的，天文学家不应该有非常强烈的信仰。他们应该意识到存在着各种不同的可能性，且都应该尽可能地尝试。对于某一种理论怀有非常强烈的信仰是一种赌博，因为这一理论没有相关的证据。对于弦理论也是一样。我对弦理论并不太熟悉，它是一种可能的想法，它也有可能是错误的，同时也还有其他理论，比如说圈量子引力理论。它们有可能是正确的，也有可能是错误的。另外一

小知识
圈量子引力理论

圈量子引力（loop quantum gravity）是一个试图统一广义相对论和量子力学的理论方法，是物理学家试图获得大统一理论的一种尝试。只要物理学家们将描述宏观时空现象的广义相对论应用到微观领域，就会发现空间由一系列离散的、量子化的“圈”构成。圈量子引力理论虽然可以解释一些理论问题，但是目前仍然没有被任何实验所证实。目前圈量子引力理论和弦理论都是实现物理学大统一理论的候选者。

个问题在于，即使它是正确的，也有可能因为太复杂而让我们无法理解。在弦理论中所展示出的物理学是非常复杂的，所以有可能即使它是正确的理论，我们也没有办法证实。

弦理论的支持者们相信空间在普朗克尺度下无法被再分，因为更多的维度让空间显示出非常复杂的结构。在 10^{-33} 米的尺度下，量子效应和引力效应相遇了。但是在这种尺度下我们根本无法进行直接观测，因为这远远小于原子核的尺度。因此想要去验证弦理论，我们只能计算它对于我们能够观测到的粒子可能产生什么后果。或许在这个世纪里我们就能做出这样的观测——即使它是对的，我们可能也要花费很长的时间才知道它是对的。

小知识

普朗克尺度

德国物理学家马克斯·普朗克（Max Planck）在20世纪初创建量子力学时，首次引入了“普朗克常数”的概念。以普朗克常数为基础，定义一组自然单位，就形成了“普朗克尺度”，其中包括“普朗克时间”“普朗克质量”和“普朗克长度”。可以说，普朗克尺度是宇宙的一个自然标准。但是以目前人类的实验能力，还远远不能在普朗克长度和普朗克时间的尺度下进行直接观测，因此人类目前还不清楚在普朗克尺度下会发生怎样的物理学现象。

地外文明在哪里？ 10 年到 20 年之内就有机会知道

苗千：你现在对于费米悖论（Fermi paradox，物理学家恩里科·费米 [Enrico Fermi] 在 1950 年提出的问题：如果在银河系中存在着大量先进的地外文明，那么为什么人类无法发现任何证据？）有没有自己的推测或是答案？它们（地外文明）都在哪儿呢？

马丁·里斯：这当然是一个非常有意思的话题，而且变得越来越尖锐了。现在我们有越来越确凿的证据显示，在我们的星系里可能存在着数十亿颗类似于地球的行星。而现在我们并没有任何关于地外智能生命的清晰证据，但是对于这一点我们也不应该表现得太惊讶。因为现在我们已经理解了进化和达尔文的自然选择学说。我们仍然不大清楚关于生命的起源，我们还不大清楚如何通过非常复杂的化学反应过程，产生出可以自我复制和进化的生命体。我们不知道生命到底是怎么产生的，同时我们也不知道这在宇宙中是不是一个非常罕见的事情。或许这只是在地球上发生了，或许这在宇宙中很普遍。

我想或许在 10 年以内我们就能得到这个问题的答案，因为现在有很多人在为解决这个问题而努力。或许我们也可能发现在其他类地行星上有其他生命形式。我们现在还没法验证，因为它们离我们太远了，看起来太黯淡。但是下一代由欧洲天文学家建造的直径 39 米的太空望远镜，应该可以看到在临近恒星周围的行星上有没有类似于地球的生物圈。所以我想我们在 10 年到 20 年之内就有机会知道在我们附近的行星上有没有生命存在。

当然，这里说的是简单的生命形式。另外一个问题是，简单的生命形式有多大的可能进化成为复杂的、有智慧的生命形式。当然，有些人认为生命进化得越来越复杂并且具有智慧是无法避免的过程，但是也有人认为这只是由一系列的偶然和意外事件造成的。如果我们在地球上重新开始一次进化过程，如果当年的恐龙没有被一颗小行星毁灭掉，那么在地球上哺乳动物就根本没有机会出现。所以说我们并不知道答案。在出现简单生命的问题上存在着不确定性，在简单生命能否进化成复杂生命的问题上同样存在着不确定性。

而且当我们说到“生命”时，也有可能指的是“技术性”的生命形式（指无机的人造生命形式）。我们目前还没发现有任何智慧生命的信号，我倒是很热衷于在太空中寻找智慧生命，尽管知道这是一种赌博。我想即使我们在宇宙中发现了智慧生命的信号，我也不大相信它会是来自像人类一样的文明形式。我想它们可能会来自电子机器，也就是我以前提到过的“无机生命”。这也只是一种推测，我的理由在于，如果我们想一想在地球的未来会发生些什么，我们知道在地球上我们花费了 40 亿年的时间，从简单的生命形式进化到了现在的形态，我们也知道，可能只需要几个世纪的时间，机器就可能超越人类文明。当然，对于这些电子机器来说，它们并不需要大气层，它们也可能更喜欢没有重力的环境，这样才更方便制造出更大的机器。所以说在几个世纪之内，可能这种生命形式就会取代人类。

想一想我们的太阳系，它刚刚经历了 40 亿年，它还有 60 亿年的时间——我们看一下太阳系内的模式，用 40 亿年的时间发展出智慧文明，然后用几千年的时间发展出“无机生命”文明，在这之后的几十亿年时间里，可能就会由机器来接管一切了。从这一点来说，像我们这样的有机体构成的生命做技术工作，可能只是一个极短的阶段。这说明什么？如果在其他一颗行星上，也发生了类似于地球上的进化，这不大可能同时进行，它有可能落后于地球，那么我们可能观测到在其他行星上面的生命痕迹；另一方面，如果它超前于地球，那么我们观测到的可能是电子机器，或是我们无法理解的其他文明形式，这种形式更可能长久地存在。

我想这是我们必须面对的一种可能。当然，对于费米悖论来说，我们也不知道外星生命如何显示自己的存在，他们也有可能并不喜欢进行星际旅行，只能说目前还没有任何高等智慧生命的痕迹，或者我们还没有发现。我们也可以怀疑在太阳系内的一些天体可能是人造的，我们可能曾经被外星生命拜访过；我们也可以想象在宇宙中一些极大尺度的结构是人造的。就像猴子没办法理解量子理论一样，也有可能我们目前还无法理解更高等级文明所使用的物理学。这值得我们花时间，观测宇宙中有什么东西看上去不那么“自然”。对于中国人来说，你们刚刚在贵州建造了**500米口径球面射电望远镜**。我了解到那里的工作人员会花一些时间用它来寻找地外文明的信号——这有可能让中国在这方面的研究取得领先优势。

> 小知识
>
> 500米口径球面射电望远镜
>
> 500米口径球面射电望远镜（five-hundred-meter aperture spherical radio telescope）简称FAST，位于贵州省一个天然的喀斯特洼地。它是世界上最大的单一口径射电望远镜，直径达到500米，其反射面由上千个三角形面片组成，用以探测宇宙中的射电信号。FAST的建成标志着中国在天文学领域的巨大进步，它也是全世界物理学家进行宇宙探测的一个重要工具。

苗千：你认为人类未来的太空探测项目相比于现在会有哪些进步？

马丁·里斯：中国有一个探月项目，要首次探测月球的背面。我想，随着人类机器人研究的不断进展，人类越来越不需要把宇航员送上太空了。在未来，人类进入太空很可能会成为一种昂贵又危险刺激的运动。而人类可以让机器人为人类在月球上建立探测基地，而且我们知道，月球背面是一个非常好设置射电望远镜的地方，因为在太空探测中有大量的干扰来自地球。如果你在月球背面设立观测站，就可以完全摆脱掉来自地球的干扰。中国政府可以把这定为一个长远目标。而且在月球背面进行发射的成本也会更低。

另一方面，当机器人技术更加成熟之后，我们可以让机器人建造非常大的太空基地。在太空里我们可以让机器人在零重力的条件下建造起非常大的能量接收装置或者大镜面，比如说直径达到一公里的太空探测望远镜。在地球上，人类担心机器人抢走人类的控制权，但是宇宙空间完全不适合人类生存，我们可以让机器人来完成绝大多数的工作。我想，在这个世纪以内，我们就会拥有大型的空间站和极大的空间望远镜。而中国很可能在这场比拼中取得领先的优势。中国在人工智能、太空探索等领域都有很多长远规划。

苗千：在你的一个讲演中，你展示了一张图片，一条蛇咬住了它自己的尾巴。你也说过，星系只是宇宙中的原子。这只是一种比喻，还是你确实认为极大尺度在某种程度上与极小尺度是相同的？

马丁·里斯：这只是一个比喻。我想说明的是，量子理论和广义相对论是在完全不同的尺度下发挥作用的。而大多数情况下，两者并没有交集。如果你是一个化学家，你只需要考虑量子力学的效应，而根本不需要考虑引力的作用。而如果你是一个天文学家，你也不需要担心量子不确定性。所以说，即使目前我们没有一个大统一理论，大多数的科学学科也都还发展得不错。但是如果我们希望理解宇宙早期的状态，例如宇宙暴胀，那我们就必须考虑当整个宇宙还处于非常小的状态时，量子涨落效应对于整个宇宙的状态非常重要的情况。因此我把这种情况用一条咬住自己尾巴的蛇来表示，两种理论在这种情况下相互融合。

我们需要理解在宇宙诞生的最初发生了什么，在黑洞的内部发生了什么，除此之外，我们并不需要一个大统一理论。当我们看着那张图片时，我们能想到的另一个问题是，很多的科学学科，要不然是处理极大尺度的问题，要不然就是处理极小尺度的问题。但处理位于中间尺度的问题，尤其是涉及生物的问题，则是最困难的。就像我以前说过的，从几何平均数的角度来说，一个质子质量和太阳质量的中间数是 50 千克，这个尺度正是最为复杂的。它足够复杂以产生出一层一层不同的结构，但是又没有重到由引力来主宰一切的状况——比如说恒星的结构就很简单，我们只需要考虑其中的引力效应就可以——所以说有很多科学家正是在最为复杂的领域进行研究，而生物正是我们遇到的最为复杂的研究对象。

年轻爱因斯坦的智力和年老爱因斯坦的良心

苗千：2003 年，你在《我们最后的世纪》里提到，21 世纪人类有一半概率会毁于自我毁灭。毕竟现在 21 世纪已经过去了 17%，你有没有改变自己的看法?

马丁・里斯：我并不认为人类会把自己完全地毁灭掉，但是我认为我们在这个世纪里会面临很多重大的挫折。因为技术的发展，少数几个人就可能有足够的能力对全人类造成威胁，比如网络攻击、生化攻击等。少数几个人就有可能研究出致命的病毒。我想在个人隐私和公共安全之间会出现矛盾，这在之前是完全不可能发生的，也让事情变得非常复杂。我是一个技术上的乐观主义者，社会和政治上的悲观主义者，因为我认为技术是非常美妙的东西，可以推动全人类的发展。比如说一个普通人在没有当代技术的条件下，不可能过上非常有趣的生活。包括依靠现代技术生产出了大量的粮食，养活了全世界的人口；

依靠现代通信技术，人们可以随意地交流。这些都非常美妙，我也期待着更加了不起的技术的出现。

同时，危险也在增加，我们需要政治家们确保技术的发展在控制之下。在短时间里，我最担心的是生物方面的威胁，在有些国家，对于药物、病毒的研究都没有相应的法律和规范，因此我对于是否能够消除这方面的威胁感到非常悲观。另外一方面的危险在于，如果在世界上任何一个区域发生了危机或者倒退，立即就会影响到全世界。这在五六百年前是完全无法想象的，当时在中国发生的事情完全不可能影响到欧洲。现在整个世界都相互连接，通信、金融、交通、供应链等，任何国家发生了不妙的事情，都会立刻影响到全世界。从长远来看，人类也还没有完全摆脱核武器的威胁。现在全世界的核武器总量没有冷战时期多，不大可能爆发全球性的核大战，但是有可能在某些区域发生核战争。而且如果我们展望未来的 50 年，地缘政治可能会完全不同，到时也有可能出现新的霸权、新的核危机。

苗千：你是一位理论天体物理学家，从什么时候开始，你决定作为一名“普通科学家”向公众做演讲？

马丁·里斯：这是逐渐开始的。在 20 世纪 80 年代，我参加了一些销毁武器装备的社会活动；而直到最近的 15 年里，我才越来越多地对公众做演讲。在 2005 年到 2010 年间，我担任了英国皇家学会的会长，这也让我有机会参加一些面向公众的科学活动，而且也需要和政治家们相互联系。这样我很幸运地认识了更多人，了解了更多情况。同样在大学里，我们也组织了一个社团，经常性地讨论相关问题。

如果我们回顾在过去几十年间发生的事情，我们会发现很多改变都缘于活动家们的努力。大多数政策制定都是缘于眼前的和近期的危机，政治家们不会太多考虑整个世界在30或者40年后会发生什么。所以我想很多社会活动有其积极意义。我们回顾历史，比如废除奴隶制、呼吁女权和同性恋权利等，都是起源于社会活动家的呼吁，然后在公共压力之下，政治家们才做出回应。这样的公共压力要远比科学家们直接对政治家谈话更有效。我有一些朋友，他们是美国政府的科学顾问，但实际上他们感觉极少被真正重视。所以，科学家们让公众对于一些话题产生共识，是一种非常有效的方法。

或者我们也可以先在科学界形成一个共识，然后在公众中普及，这也是一个很好的方法，因此科学传播是一个非常重要的工作。政治家们做出的很多决定，比如关于健康、能源、环境、机器人，都与科学相关。如果公众对于科学所知甚少，不知道衡量各种可能性，那么公众就无法进行任何有效的辩论，只能呼喊各种口号而已，就像英国最差的那些街头小报做的那样——公众需要明白问题的关键之所在。去年我在康奈尔大学做过一个讲座，是为了纪念卡尔·萨根（Carl Sagan），他就是一位非常了不起的科普作者和电视人。在全世界有很多人就是因为萨根的节目而走上了科学道路。

苗千：对于一个科学家来说，年轻爱因斯坦的智力和年老爱因斯坦的良心，哪一点更重要？

马丁·里斯：很显然我们都需要。而且我们必须要明白，做科学研究的人并不一定就有最基本的常识。而且，虽然现在我年纪已经大了，我吸收新的科学理念的速度并不算太快，但我认为老年人对科学也仍然能够做出很大的贡献，这很大程度上是因为他们的坚持。有很多人不断转换研究的重点，但是，也有人一生都在实验室里进行研究工作。有些人，比如说我，在年纪大了之后可能会进入管理层，或者要和政治打交道，但是我仍然在进行科学研究。

一个很有意思的现象就是，老年科学家的工作可能会不如年轻科学家的工作有价值，这与一些古典音乐作曲家的工作形成了鲜明对比。往往作曲家们的最后一部作品才是他们最好的作品。我想其中的原因可能在于，对于一个科学家来说，如果你想始终保持在科学的前沿，你需要不断和其他科学家相互联系。而对于一些作曲家来说，比如贝多芬，他受到自己童年的教育影响很深，但是当他年纪大了之后，他就不再需要受到外界影响，而是需要让自己的作品更加深刻。对于一个科学家来说，一生都需要永远不停地学习；但是对于作曲家们来说似乎并不需要，他们到了一定程度之后需要的是在内心发展，这是一个很重要的区别。

戴维 · 多伊奇

最有趣之处，就在于感到迷惑

戴维 · 多伊奇

DAVID DEUTSCH

牛津大学物理学家

采访手记

对我来说，很难分辨戴维·多伊奇（David Deutsch）教授作为“牛津大学物理学家”与“科普作家”，这两个身份哪一个更加重要。多伊奇教授有两本面向大众的科普著作：《无穷的开始：世界进步的本源》（*The Fabric of Reality：Explanations that Transform the World*），以及《真实世界的脉络：平行宇宙及其寓意》（*The Fabric of Reality: The Science of Parallel Universes—and Its Implications*）。这两本书在中国众多的科普爱好者心目中有着极高的地位。

与大多数通俗易懂的科普读物不同，多伊奇教授的这两本书绝不易读，需要读者反复阅读、仔细琢磨，才能领会作者的意图。在我自己的一款读书节目中，我是这样介绍多伊奇教授的著作的：“它要求你在阅读的时候聚精会神，跟上作者的思路，稍微一页没留神你可能就不知道作者究竟在说什么——甚至都不能中断，因为你一停下来，你的思路就断了，第二天再看可能就找不到头绪。另外在读这本书的时候你可能也不会太愉快，因为你会发现读完这本书之后，没有什么能够和周围朋友聊的。换句话说，你读完了这本500多页的书，累得筋疲力尽，结果想发个朋友圈炫耀一下都不知道该怎么写。读这本书，还有一个原因会让读者更累，就是无论你读到任何一个地方，看到任何一个论点和论据，都不能够完全地相信作者，都要挣扎，要和作者进行一种概念上的搏斗，心里想，作者这么说到底对不对？举这个例子到底有没有道理？只有这样，你读这本书才能有收获，否则大可不必读它。我相信你只有用这种方式去读它，你才是作者心目中一个合格的读者——因为它是一本要训练你的思维方式的书。”

正是因为多年以来都是多伊奇的忠实读者，获得了采访他的机会，我也感到十分激动——虽然他不愿让我去牛津和他面谈，更希望通过电话进行采访。进过一番调查，我才发现原来多伊奇、马丁·里斯、史蒂芬·霍金等世界著名的宇宙学家师出同门，都是著名天体物理学家丹尼斯·夏玛的学生。但是多伊奇并没有成为宇宙学家，而是研究更加基础的量子计算问题。于是从科普作品到宇宙学直到量子计算机，我通过电话采访，了解了多伊奇的科学生涯。

引子

作为一位基础物理学家，戴维·多伊奇曾经在 2005 年和 2009 年两次登上 TED 大会的讲台，面向公众讲述人类在宇宙中存在的状况、人类文明的前景，以及科学思想和科学方法对于人类社会发展的重大意义。不仅是在 TED，在很多次面对公众的演讲中，多伊奇都因其语言浅显、思想深刻的特点被人们熟知。

实际上，在此之前多伊奇就已经撰写过两本面向大众的科普和科学哲学著作 :《真实世界的脉络 : 平行宇宙及其寓意》与《无穷的开始 : 世界进步的本源》，影响了众多读者，也为他自己赢得了世界性的声誉。

多伊奇说，他发现自己无法成为一个传统意义上的大学教授，只要意识到谈话对象对他所说的内容不感兴趣，他就没办法正常思考。因此他离开了大学刻板的教育系统，选择直接为大众读者著述，希望它们可以成为现代人在思维方式上的指导书。即便如此，多伊奇也不希望这两本书被列入“必读书目”，而是被读者主动寻找、发现和阅读。在他看来，通过这种方式，无论读者是否喜欢这本书，是否同意书中的观点，只要他们通过阅读形成了自己的想法，就是最好的交流方式。

史蒂芬·霍金曾说“哲学已死”，意思是在现代社会中，科学研究尤其是物理学研究已经完全取代了以往哲学研究的地位。与他师出同门的多伊奇却反其道而行之。多伊奇描述自己的工作状态“介于物理学家和哲学家之间”，多年来他一直对科学哲学充满兴趣，并且希望以此取得基础物理学研究的突破。

2018 年 3 月 21 日，多伊奇在牛津大学接受了我的专访，谈到对于量子计算、人工智能和人类未来等领域的最新思考。

“量子计算机将会成为一种巨大的装置”

苗千：你和史蒂芬·霍金、约翰·巴罗、马丁·里斯都是丹尼斯·夏玛的博士生。而你是其中唯一一个没有去研究天体物理学的，相反你选择了量子计算问题。

多伊奇：我想我在上大学之前就已经做出了这个决定，因为我一直对基础问题感兴趣。我之所以选择学习物理，就是因为我在物理学中看到了其中基础性的一面。当然所谓基础问题，不只限于物理学。所以当我在最开始进行博士研究时，确实是和宇宙学有关，因为那是关于量子引力问题的课题。我当时试图找到一个量子引力理论，当然了，直到现在这个目标也没有实现。而我很快明白了，我们之所以没有一个成功的量子引力理论，是因为我们并没有完全理解量子力学。

我们认为自己对于量子力学的理解很明显都是错误的——例如“哥本哈根诠释”——这让我开始研究量子理论的基础，而不是进行与宇宙学相关的量子引力研究。我意识到我们在量子力学的基础理解方面存在困难，当然还有一些相关

> 小知识
>
> **哥本哈根诠释**
>
> 描述微观世界的量子力学与人们之前所熟悉的力学形式并不相同，因此关于量子力学出现了多个版本的“诠释”。所谓哥本哈根诠释（Copenhagen interpretation），主要是由尼尔斯·玻尔在20世纪20年代提出的一套用以解释量子力学的观点，其中包括了对于“量子态”“波函数”“不确定性原理”等概念的描述性解释，这也是目前最被学术界所接受的对于量子力学的解释。但是关于量子力学，目前还有很多未被解答的疑问。

的哲学问题，例如所谓实证主义（positivism）、逻辑实证主义（logical positivism）——这又让我开始进入了哲学领域。

我对量子力学基础问题的兴趣，实际上也正是丹尼斯·夏玛的兴趣。他研究宇宙学问题，恰恰是因为它们与基础问题相关。他对于自己学生的态度是相当自由的，如果一个学生对某个有趣的科学问题开始感兴趣，他不会特别在意它属于哪个领域。他会为了学生去和校方沟通，让学生可以进行自己喜欢的研究。这是一种非常好的方式，对我来说尤为重要。

苗千：你刚刚提到了，你意识到“哥本哈根诠释”是完全错误的。你愿意详细说明一下吗？毕竟这是目前公认的“正统诠释”。

多伊奇：我不认为“哥本哈根诠释”现在仍然是量子力学的所谓正统诠释了。我想现在最流行的诠释就是所谓“闭嘴，去做计算”（shut up and do the calculation，指以一种实际的态度对待量子力学，不去探究它的深层原因，而是利用数学公式去做计算），或者也可以被理解为“工具主义”（instrumentalism）。换句话说，人们现在已经不再对量子力学给出概率预测意味着什么感兴趣了，而只是对预测本身感兴趣。其中的问题在于，这就把以此取得进步的路径都给堵死了。

我对量子力学的基础感兴趣，原因是我希望能够以此取得在量子引力研究领域的进步，并且以此来超越量子理论。而通过“哥本哈根诠释”是不可能取得这种进步的，因为它非常明确地要你去忽略为什么会有这样的现象。所以我说“哥本哈根诠释”和“闭嘴，去做计算”诠释都是没有用处的，它们把科学引导进了一个死胡同里。很不幸，现在起码有超过一半的物理学家已经放弃了进一步理解量子力学的努力。

苗千：你对量子计算机的未来怎么看？它在未来会不会取代人们现在所用的电子计算机？

多伊奇：我对这方面的技术并不特别熟悉，对实验物理学也不熟悉，我本身是一个理论学家。当我最开始提出通用量子计算机（universal quantum computer）的时候，头脑里想到的是物理学，而不是这种计算机可能的用处。我想的是，这样一个计算机可以告诉我们关于量子理论的什么特点。目前，我们还看不出量子计算机有可能取代现有的计算机。在未来，有可能把量子计算的模块植入普通计算机内部。

我想在可预见的未来里，量子计算机将会成为一种巨大的装置，设立在世界的某几个地方，对外出租它们的运算时间。人们可以利用普通计算机为量子计算机编程，去进行相关领域的研究。目前看起来在一些研究领域中，比如关于蛋白质的折叠问题，还有其他关于量子系统的模拟实验领域，量子计算机都有着非常大的潜力，但它不会像普通计算机一样对人们的日常生活有普遍用处。我们需要记住这一点：量子计算机可能只是在某几种计算中更为有效，而不是在所有方面都遥遥领先。

苗千：对你来说，量子计算研究最大的挑战是什么？

多伊奇：现在我的研究领域已经不再是关于量子计算的了。我想目前关于量子计算最基础的挑战都已经解决了。当然这也不是像一些人说的，现在剩下的只是工程问题了，这当然不对。现在还有更基础的问题需要解决，以此来解决一些工程问题。但是我现在想做的就是向前走，解决量子理论的基础问题。我们现在需要考虑的是，替代量子力学的理论应该是什么？它会是什么样子的？因此我现在研究的主要重点就在于**构造理论**，它是比量子力学、相对论甚至是热动力学等其他理论都更底层的理论。

> 小知识
> 构造理论
>
> 构造理论（constructor theory）指的是重新构建基础物理学法则的一个理论框架，尝试将现有的物理学理论表述为关于可能性和不可能性的语言。构造理论强调信息与物理现实之间的联系，这与量子信息论有相似之处。这是一个仍处于发展之中的理论。

它比所谓大统一理论更具有普通意义。比如粒子物理学在过去的50到70年的某个方面来说已经取得了很大的进展，但从另一个角度来说又没有取得任何进展。我想把粒子物理学和化学做一个对比：在量子力学之前，人们理解元素周期表，不同的元素具有不同的性质，例如价位、原子量，诸如此类，这又与电量和电子有所关联。但是这些知识，我会称之为关于化学的现象学知识，而不是解释性的知识。

"相信"这个词很有误导性

苗千：能否描述一下你每天的工作状态？你需要做实验吗？

多伊奇：不，我不做实验，我也并不善于做实验。通常状态下我走进一个实验室，里边的仪器就总是会出故障，我也不知道这是为什么。我是一个理论学家，我的研究有时候会涉及数学，但是更多时候甚至也不包含数学。如果遇到一些数学问题，我会拿出一支笔、一张纸，或者用Mathematica软件来解决。更典型的情况是，我自己有一些需要解决的问题。我早上开始工作的时候，会选择当时感觉最有意思或是认为自己最有可能取得进展的一个问题开始思考。顺便说一句，其实在思考这些问题的过程中，即使没能取得任何进展我也感到非常有趣。有的时候，当对某个问题的想法有了一些进步时，我甚至会感到有点遗憾，因为这个问题对我来说就不再显得那么有趣了——最有趣之处，就在于感到迷惑。

我的意思是，当你遇到一个难题时，总是希望能够解决它，可是等真的解决了，那种感觉就像是最喜欢的电视剧到了大结局。有时候我也想和其他人进行讨论。我曾经在全世界到处旅行，就是为了和人进行讨论，但自从有了网络，我就更喜欢待在家里了，通过网络或者邮件和人联系。现在我几乎不旅行了。

苗千：这听上去有一点像在物理学家和哲学家之间的生活方式。

多伊奇：是的，在理论物理学家和哲学家之间。

苗千：斯坦福大学的物理学家伦纳德·萨斯坎德（Leonard Susskind）教授发表了一篇论文预印本：ER=EPR（论文的大意为在微观尺度下的量子纠缠现象与宏观尺度下的黑洞的性质有相同之处），你认为这篇论文的观点有可能是正确的吗？在极大和极小的尺度上物理规律实际上是一致的吗？

多伊奇：如果这被证明正确，我会感到非常惊讶，因为我们仍然处于一个量子理论的构建过程之中。我必须说，如果这个领域有任何进展，它必定是让我感到非常惊奇的东西，因为所有让我不惊奇的东西我们早都试过了。

苗千：在《无穷的开始：世界进步的本源》里，你提到自己倾向于多重宇宙理论。但是对我而言这个说法还不是很清晰，因为宇宙学中的多重宇宙理论和量子力学中的多重宇宙理论是不一样的。你相信其中的一个，还是两个都相信？

多伊奇：首先，我没有“相信”或者“信仰”。卡尔·波普尔说过，一个科学家不应该信任他的理论。我们是职业科学家，通过怀疑和论证、解释和证据来检验这些理论。而我相信什么，对其他人来说没有任何意义。当然可以说我有相当坚实的看法，认为量子力学的多重宇宙理论是一个无法绕过的结论和解释。从理论和各种实验结果来看都是如此——这和地球上曾经有恐龙的理论一样坚实。它是由休·埃弗里特三世发展起来的，然后又有了很多进展，虽然还不算完美，但是目前这比其他任何理论都更有说服力。

宇宙学中的多重宇宙理论则完全不同，它具有非常高的推测性。从解释宇宙现象的角度来说，宇宙学意义的多重宇宙不是必需的，在理论上也不是必需的——如果不应用此多重宇宙理论，并不会有任何理论就此失效。当然，现在宇宙学研究中还有所谓微调理论（Fine Tuning）和多重宇宙理论相互呼应，但是我认为其本身并不足以强大到让宇宙学中的多重宇宙理论成立。当然了，当微调理论最终被用于解释宇宙时，多重宇宙理论或许是其中的一部分，但肯定不可能是全部。

因此，这是两件完全不同的事情。如果非要用“相信”这个词——就像我说过的，这个词很有误导性——我会说，我坚信量子理论的多重宇宙理论，而我对宇宙学中的多重宇宙理论持有一个非常开放的态度。

苗千：那么“宇宙暴胀理论”是否值得信赖？

多伊奇：“暴胀”是另外一个我认为非常值得怀疑的理论。尽管现在看起来大概有 99% 的宇宙学家都相信它——但要知道，宇宙学现在正处于一个非常奇怪的境地之中，现在我倒是希望自己是个宇宙学家，因为关于宇宙的状态目前我们知道的比 20 年前还要少很多。近年来我们做出了很多发现，例如宇宙的加速膨胀之类的现象，把之前我们自以为一清二楚的事情全都倒转过来了。现在宇宙学中的一切都是一个非常美妙的谜团……这就像在 180 年前，我们不知道是什么让太阳有这么强大的能量。当时所知的所有能量来源都要比太阳的能量弱几个数量级；开尔文勋爵计算出的太阳寿命不可能比 100 万年更长，可是地质学家们却说，地球已经有几十亿年的历史了。这就是一个非常棒的问题，答案是“放射性”，不过当时人们并不了解。

与此类似，对一些涉及本质的宇宙学问题，有太多地方我们还不了解。理论中的暴胀是发生在整个宇宙急速膨胀的状态下，但对此量子理论学家既没有完全同意，也没有与之协调的量子理论。

苗千：马丁·里斯、史蒂芬·霍金、约翰·巴罗，还有你，夏玛的几位学生都出版过大众科普书。这是你们从老师身上学到的某种传统吗？

多伊奇：我读到的第一本科普书是夏玛所写，我也正是因为那本书知道了他的名字……我们之间从来没有谈过面对大众的科普问题，但夏玛的态度是：即使是基础的科学问题，也不应该只有一些特殊的专家去关心和研究。例如他所关心的——我们到底是谁？我们应该成为什么样子？为什么事情是看起来的这个样子？这些问题需要专家来完善理论，但是与每个人都相关。说实话，我不知道夏玛是特地选择了和自己有相似态度的人作为学生，还是他以自己的态度影响了学生。

所谓“奇点时代”基于一个错误理念

苗千：你对于人类未来的态度和霍金恰好相反。霍金非常担心，而你则认为我们正处在无穷的开始。你的看法现在改变了吗？

多伊奇：没有改变。如果说有什么让我更乐观了，那就是对人类未来的看法。我必须澄清，我所说的乐观主义和无可避免并没有联系。人类的未来总是取决于我们做出何种选择，我们也总是可以做出坏决定，而导致坏结果。在宇宙里并没有任何守护者或者天使在照看我们，让人类不要毁灭自己。但现在我们的情况是在进步，比人类历史上任何一个时代都好。

在人类之前的历史里，总是在有一丁点推动作用的同时，又有非常大的阻碍力量。现在很多人说他们对未来感到悲观，但是在生活里——他们的工作，他们的谈话，包括制定的规划——都是朝着进步方向去的。政府制定任何一项政策，人们也总会争论它能否带来进步，这就是人们所关心的事情。

进步确实出现了，一种爆炸式的进展。我们永远不可能达到一个没有危险的状态，我们总是会处于危险之中，但是我们总会有办法躲避危险。

苗千：你对人工智能有什么看法？你觉得马上就会到达所谓技术奇点时代吗？

多伊奇：不，我看不出任何迹象。首先我们要区分人工智能（AI）和通用人工智能（AGI）。通用人工智能是像人一样解决问题，并且像人一样拥有创造力。我至今都没看出任何出现通用人工智能的可能。目前人工智能的发展形势非常好，像Siri、语音识别、面部识别等，这类不需要创造力的识别任务都将会交给机器来做，对人类来说是一种解放。

而人类做创造性的工作，也是一直以来人类进步以指数形式增长的原因。每一点的进步，都会再创造出新的进步方式，因此我预计这种指数形式的增长会持续下去，但是不会比这更快了。所谓会出现技术大爆炸的“奇点时代”，这个说法基于一个错误理念，那就是通用人工智能会自动实现和提升它自己，而这并不会发生。自动的实现和提升是人类所使用的方式，我们使用人造物品来帮助自己思考已经有几千年历史了，每一支铅笔都可以让一个人处在更善于思考的地位。

苗千：你是否认为人工智能或通用人工智能可能对人类造成严重威胁?

多伊奇：这种事情只有在人类本身就是巨大威胁的基础上才会发生。人类有创造性的思维，能够从非常微小的现象中创造出巨大的实际影响。大脑中那么微弱的电流信号最终都可能导致后果无法估量的世界大战，因此从人类自身的角度来说，是我们自己制造出了恐怖主义、大规模杀伤性武器之类的威胁，这也是我们的社会面对的最大威胁。

通用人工智能可能会和人类一样危险，但不会更危险。这是一个很严重的问题，但其实也不是全新的问题，而解决它的方法基本上依靠教育。通用人工智能不会一出现就非常完整，比如说具有道德观念、政治观点等，这些东西对于通用人工智能来说都需要被教育，需要成长，和人类是一样的。而人类的教育在一开始是非常不合理的，只是强调对已经存在的知识进行复制，因此付出极大代价去压制人的创造力。这是人类一直以来都需要面对的问题，它同样也会是通用人工智能将要面对的。

小知识

图灵测试

图灵测试（Turing Test）是英国数学家、计算机学家阿兰·图灵在1950年提出的一个概念，用以评估计算机是否真正能够模仿人类的智能。

在图灵测试的设置中，一个人和一台计算机与测试者只能通过打字交流。如果测试者无法判断出谁是人，谁是计算机，也就说明这台计算机“通过”了图灵测试。也就是说，这台计算机能够成功地模仿人类。

现代计算机技术和人工智能技术的发展已经与20世纪50年代大有不同，对于图灵测试是否还有价值，目前也存在着很多不同的看法。

苗千：你期待近期内会有人工智能通过图灵测试吗？

多伊奇：如果真的发生了，那一定是在人工智能研究领域最根本的突破之一，但目前我对此还一无所知。也许在某个实验室里有人偷偷地研究出了通用人工智能，但我不认为它可以自然而然地从目前的人工智能中产生。这是两个完全不同的问题。

苗千：你曾列举了几位你尊崇的思想家——卡尔·波普尔（Karl Popper）、詹姆斯·麦克斯韦（James Maxwell）、迈克尔·法拉第（Michael Faraday）、威廉·戈德温（William Godwin）和理查德·费曼（Richard Feynman）。对你来说，他们有哪些共同点？

多伊奇：我想他们有共同的面对难题的态度。这些思想家喜欢难题，喜欢让头脑处于迷惑的状态，然后再从中寻找出路。当别人试着说服自己并不存在什么问题的时候，他们会沉浸在难题的复杂性之中。波普尔曾经说过，理想的生活，是寻找到难题，爱上它，和它结婚，并且和它终生相伴。如果你试着解开一个问题，那么总会有更多令人感到愉悦的问题衍生出来，接下来你又可以和它们相伴。这也正是我对于难题的态度。

苗千：你多次提到了创造力。科学研究中的创造力和艺术中的创造力有何不同之处？

多伊奇：我想这两种创造力在本质上是一致的。在所有情况下，创造力都是解决问题的能力；你寻找已经存在的想法，却发现其中有不足之处；或者你发现有些理论在某些方面有用，而与之相对的一些理论在其他一些方面有用。

科学和艺术，都是关于在更加普遍的层面上如何去理解这个世界，以及我们在这个世界的位置——不只是现实世界，还有抽象世界。关于这个问题，我们对任何答案都不会感到满意。也许我们可以一直假装现在的生活还不错，不需要去关注那些基础问题；但是，如果能直面这些困扰我们的问题，试着去理解关于世界的不同看法，哪怕因此而感到迷惑，那也将是一种值得享受的不平凡的经历。

我们可以想象爱因斯坦和米开朗琪罗在根本上是同一种人。如果要领会这两个人的相同之处，可以去看一看达·芬奇，他在科学和艺术两个领域都有伟大的成就，实际上这两种创造力对他来说是没有区别的。

戴维·唐

科学的标准从未改变

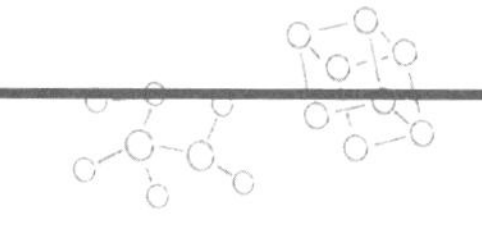

采访手记

戴维·唐（David Tong）教授在剑桥大学理论物理学系工作，与我曾经求学的物理学系相距不远。但是我对唐教授有所了解，直至说得上熟悉，是在我离开剑桥之后通过网络了解他的事了。

在视频网站上搜索唐教授的名字，主要有两个结果：其中之一是他在剑桥大学讲授的大概是一个暑期学校举办的量子场论课程，总共有 14 节课，结合着他在网上给出的笔记，我曾经吃力地跟着听课；另一个结果就是他在英国皇家学会所做的关于物理学的未来的讲座。年轻，真诚，有信心，有活力——这就是唐教授在网上给我的印象。

约了唐教授在他的办公室里进行采访，他看上去和网络上的形象完全一样，是一个年轻的理论物理学家，也很有幽默感。我们就从他的研究领域弦理论一直聊到了物理学的未来。

弦理论的问题在于，一方面，很多人相信它是物理学的未来，甚至可能是物理学家们所追求的终极理论；但另一方面也有很多人想，这样一个给出众多无法进行验证的数学结构的理论，对于物理学究竟有何用处？难道我们要改变对物理学的定义，只需要接受一个看似完美的数学形式吗？

对此，唐教授显露出了他作为理论物理学家的另一面，就是充分的信心和耐心。他以古希腊人的原子论做对比：这个理论持续了 2000 多年才最终被验证，那么人们对于弦理论也应该有相似的耐心才行。毕竟，物理学的标准不会改变。

对于弦理论的未来，我没有资格进行评判。但是在和唐教授交流的时间里，他深深地打动了我。在他身上我看到了科学家的一种特质，那就是只要认定了一条道路，就一定会全力以赴，以百分之百的信心一直走下去。

引子

剑桥大学理论物理学家戴维·唐教授是世界著名的弦理论学家和量子引力学家。他讲授量子场论的视频在网络上广为流传；他曾登上英国皇家学会的讲台，为公众生动讲解理论物理学研究的现状和未来，描述出一位理论物理学家眼中神奇的自然界。

2018 年 4 月，戴维·唐在他的办公室里接受了我的采访。在他看来，对于什么是好科学的标准，从来都没有改变过。“科学理论之所以如此强大，正是因为我们有着最严格的验证标准。”

科学家需要保持耐心

苗千：你认为在现代，科学的标准是否已经改变了？可证伪性（Falsifiability）是否仍然是验证科学理论最重要的标准？

戴维·唐：对于什么是好科学的标准一丁点都没有改变过。对于科学共同体来说，一个理论是否能被接受，需要实验证据，还需要经受各种反复的质疑。尽管现在可能很多流行媒体都在宣传科学的标准需要改变了，但是我并不这么认为。目前有一些科学家说有些理论，比如说超弦理论，可能永远都无法被实验证实，因此科学的标准需要改变，这是完全不对的。

我们不可能因此就改变对于科学理论的质量要求。科学理论之所以如此强大，正是因为我们有着最严格的验证标准。其中最重要的一个原因就是，任何人都有可能犯错。如果你犯了错，就需要能够被发现并且做出改变。比如说，我们可以拿弦理论做例子，最重要的一点在于想要验证它很困难，实际上想要验证任何关于量子引力方面的理论都非常困难，因此弦理论还没有完全被科学界所接受。

我读到很多理论物理学博士的申请，在每一份申请中都会出现同一句话："20 世纪物理学最重要的两个支柱就是量子力学和广义相对论，而目前还没有人知道如何把这两个理论合二为一。"这句话当然是正确的，但是我想在现代，人们起码有了一个看起来有可能成功的尝试，可以把这两个理论结合起来，这就是弦理论。但是无论你尝试着使用什么样的理论框架去做，都会非常困难。原因很简单，目前我们能够探究到的最小的事物尺度就是在欧洲核子中心（CERN）利用大型强子对撞机（LHC）进行的实验，这仍然与我们想要探究的尺度差着 15 个数量级。想要跨越这个鸿沟会非常困难。我想起码在我的有生之年里是肯定看不到能够进行这样（跨越 15 个数量级，直接探测弦理论所描述的事物尺度）的实验了。

小知识

超弦理论

超弦理论（superstring theory）试图将强相互作用、弱相互作用、电磁相互作用以及引力作用统一到一个理论框架之内，是物理学大统一理论的一个候选者。超弦理论结合了超对称理论和弦理论的思想，认为最小的实体并不是粒子，而是处于不同运动状态的弦，而时空也具有更高的维度。在发展过程中，超弦理论逐渐发展出了不同的版本，但是它还没有得到任何实验的证实。

苗千：如果是这样的话，对于科学理论的可证伪性又如何能够继续成立呢？

戴维·唐：科学研究不是短时间的，它可能需要几个世纪的努力。至于一个理论是否可以被证伪，这是一个和时间有关的话题。在当下弦理论很难被证实或证伪，但是我想在未来还是有机会的。实际上我们可以拿原子论做一个类比。就算我们不认为原子论是古希腊时代出现的，关于原子的现代科学理论应该也是在18世纪上半叶就出现了。当时的科学家通过思考原子的相互碰撞，提出了气体的原子理论，他们也计算了气体温度和气体原子运动速度之间的关系。

科学家在当时提出的原子理论就像是现代的弦理论。如果你假定弦理论是正确的，你可以由此推导出广义相对论——而如果在当时人们假设原子存在，就可以由此推导出理想的气体方程。但是当时没有人对原子理论太认真，大多数物理学家也是直到19世纪后期，即詹姆斯·麦克斯韦的时代，才真正开始对原子理论感兴趣起来，有些物理学家则是直到爱因斯坦的时代才真正相信原子论。这个理论被人们忽视了至少150年的时间，因为在当时已有物理学家有了一个极佳的想法，但苦于没有实验证据。

当然了，在这个例子中，原子确实存在，也有很多其他例子，最后被证明其中的科学假设是错误的。我不知道对于弦理论来说最终的结果会属于哪一种，但现在，这对于物理学来说是一个非常有前途的想法，而对于数学来说是一个非常棒的想法，所以它非常值得人们去探索。从这个角度来说，我们完全没有必要去改变验证科学的标准，同时我们也没必要过早地声称弦理论已经成功了。我们需要保持耐心。

苗千：我们现在是正处于一个科学知识爆炸性增长的时代吗？

戴维·唐：科学的发展当然会有快有慢，在有些时期科学进展非常迅速，比如20世纪20年代量子力学的进步。还有其他例子，比如在20

世纪70年代，统计力学和量子相变研究的结合对于量子引力研究起到了很大的推动作用，人们在这个时期奠定了量子引力理论的基础。到了20世纪90年代，又是弦理论的黄金时代，很多新想法忽然涌现了出来。

目前我还没有看到像之前这样的情形出现，但是确实有其他一些事情正在发生。我想在不同领域的物理学家之间，人们开始发现彼此有非常多的共同点。比如说研究量子信息理论的科学家开始和研究引力理论、弦理论的科学家交流，宇宙学家也开始和弦理论学家交流，研究凝聚态物理学的科学家开始和高能物理学家交流……物理学是一个整体，但是在20世纪末期，因为物理学发展得太过庞大，让人看不到它的全貌，物理学家们只是关注自己研究的领域。但我发现很多不同领域的物理学家又开始重新结合在一起，意识到他们可能正出于不同的目的而研究着相同的问题。我认为这个现象很让人激动，但是我不知道它将把物理学引导到什么方向去。

苗千：如果说科学的标准没有改变，那么科学家们改变了吗？现在的科学家是不是更像政客，因为他们不仅需要做研究，还需要去“推销”自己的理论？

戴维·唐：我想其实一直都是这样的，唯一的区别可能就在于当代媒体的介入。与“推销”不同的是，我想科学家们去宣讲和推广自己的理论的时候，都是完全相信它们的。如果我们回顾历史，一直都有很多明星式的被大众所熟知的科学家，比如19世纪初期的汉弗莱·戴维（Humphry Davy），当年他在英国皇家学会的演讲一票难求，伦敦很多社会名流每周都去听他的讲座，可以说他就相当于今天的布莱恩·考克斯（Brian Cox，曼彻斯特大学的明星级物理学家）。之后的亚瑟·爱丁顿（Arthur Eddington，英国著名物理学家，以验证了爱因斯坦的广义相对论而闻名）也是一样的，他们既是社会名人，又是非常了不起的科学家。当然也有人是非常杰出的科学家，但是并不善于和公众打交道，比如爱德华·威腾（Edward Witten），他可能是现在所有理论物理学家当中对于量子引力理论理解得最深刻的一位，他也可以做非常好的公众演讲，但是他不善于社交，不善于做电视节目。所以说现代社会与之前最大的区别就在于媒体可以选择把某种理论向大众推销。

苗千：你支持“多重宇宙”理论吗？

戴维·唐：我想如果不承认多重宇宙正确的可能性在科学上是错误的，它当然是可能的。我们的宇宙学研究目前在理解“宇宙常数”方面有很大的困难（这个常数的数值恰好可以允许生命在宇宙中存在），我想对于这个问题唯一合理的解释可能就是存在着多重宇宙。当然这也不是说我们应当坚信存在着多重宇宙，因为这个问题也同样非常难以检验，因此我对这个问题也提不起太大的兴趣。你可以就这个话题和物理学家或数学家陷入永恒的争论——我们并不是哲学家。

数学是自然的语言

苗千：你是否认为所有的自然规律都是通过数学的语言来书写的？

戴维·唐：当然了，这一点毫无疑问。人类文明最伟大的成就，就是通过数学手段来寻找自然的规律，并且希望通过最美丽也是最简单的数学公式来描述宇宙。比如说很多人拥入一个地铁站，你会希望用某种数学模型来描述这个社会现象。但是你会发现越是希望描述准确，数学公式就会越复杂，因为必须考虑各种各样的情况。但是在物理学研究中却不是这样的，在建立一个理论模型时，你会希望数学公式越简单越好。当然尽管在不同的物理学领域里会需要不同的数学框架，但是你也会发现在所选择的数学框架中，公式总会是最简单的。因此我们有非常有力的证据显示，自然规律确实是以数学语言书写的。这正是科学的力量之所在。

苗千：有人认为，物理学家需要经常和同行交流以保持对学科前沿发展的了解；而数学家则需要独处，在寂静中进行深刻的思考。事实真是这样吗？

戴维·唐：在这方面我说不好。我自己确实需要经常和同行们进行交流，而且我想数学家们也需要经常相互交流。当然在这方面有一些关于数学家的传说，比如安德鲁·怀尔斯（Andrew Wiles，英国数学家，因证明了费马大定理而闻名）自我放逐了多年，一心只为了解决一个数学问题。但我想大多数的数学家都只是正常人而已，他们进行研究也需要和其他人经常交流。

苗千：你认为一个数学家和一个理论物理学家最根本的区别在哪里？

戴维·唐：我认为区别在于他们进行研究的动机。实际上在今天这个问题越来越难回答了，由于数学家和物理学家之间的鸿沟已经消失了，因此有些人可以作为数学家却在研究物理学问题。而对我来讲，我可能是介于一个数学家和一个理论物理学家之间，但说到底还是要由研究的动机所决定。比如我每天起床所想到的都是要去理解宇宙的规律，这让我成了一个物理学家；同时我也希望能够看到漂亮的数学成果，希望能够从漂亮的数学成果中发现新的物理学。但是根本上，激励我进行研究的并不是数学。当然，我也有朋友接受了理论物理学的训练，但是他对数学研究更有兴趣，能够在其中发现数学的纯粹性与美。当然了，也有真正的数学家，对自然法则完全不关心，只对数学结构有着深沉的爱。

苗千：在你的一个演讲中，你提到了在物理学研究中有两个发展方向：一个是向下发展，探索越来越基础的理论；另外一个是向上发展，探索越来越复杂的自然现象。目前在基础物理学领域还有另外一个方向，就是对量子力学的解释问题。你是否认为这也是一个重要的方向，或者只是一个形而上学的问题？

戴维·唐：在实际中，这方面我绝对是一个“闭嘴，去做计算”类型的物理学家。因为当我们谈到科学的“可证伪性”时，量子力学算得上是一个在各个方面都被严格证明了的伟大理论，它在各个方面都做出了惊人准确的预测，经过了起码数百万次的验证。如果它显示自然界（在微观领域）是以概率化的形式展示的，那么你完全可以去接受它。目前我们所获得的所有证据都显示自然规律确实是这样的。

从另一个方面来说，目前对量子力学有各种各样的“解释”，但是我们很难想象能够用任何的实验来确定哪一种解释是正确的——这就让它（解释量子力学）变成了一个不那么吸引人的问题了。对量子力学提出一个“解释”或许会让你感觉到舒服一些，但是我认为它在科学上不是一个很急切地需要被解决的问题。当然了，在这个方向的研究确实让人对量子力学的理解更深刻了，比如说**贝尔不等式**的提出，而且在过去了100多年之后，我们仍然在追问“量子力学究竟意味着什么”这样的问题，实际上我们并没有取得任何进展。可能一些物理学家在退休之后会愿意思考这类问题，但它现在对我来说确实不是特别有吸引力。

小知识
贝尔不等式

贝尔不等式（Bell's inequality）记载了量子力学发展过程中的一个关键时期，它关系到人类对于量子力学的理解。关于量子力学是否真的具有不确定性，还是其中还包含有某些不为人知的“隐变量”，物理学家们曾经陷入争论之中。约翰·贝尔在1964年提出了贝尔不等式，从而提供了一个检测量子力学性质的理论标准。后来物理学家们根据贝尔不等式进行实验，验证了量子力学确实具有不确定性，解决了这场关于量子力学本质的争论，也加深了人类对于量子力学的理解。

苗千：人们不停地提到“大统一理论”，称它为物理学的“圣杯”。它是目前物理学发展的唯一方向吗？我们现在接近得到一个大统一理论了吗？

戴维·唐：我想相比20世纪80年代，我们现在离所谓“大统一理论”更远了。在当时，物理学家们都以为自己马上就要成功了。这和我们研究量子引力问题的情况是一样的，这将是一个漫长的过程，我们目前认识到有三种相互作用（引力、斥力、摩擦力），而三种相互作用，每一种都有一个**耦合常数**来决定其强度。“耦合常数”这个名字并不准确，因为它并不是一个常数，它与能量相关，

小知识
耦合常数

耦合常数（coupling constant）描述的是相互作用的强度。例如引力作用、强相互作用、弱相互作用和电磁相互作用，都有各自的耦合常数。

而且每一个耦合常数都是不一样的，你需要通过实验去观察和测量它们，然后再通过理论计算去探索它们如何根据能量范围的变化而变化。

小知识

希格斯玻色子

希格斯玻色子（Higgs boson）是一种基本粒子。在20世纪60年代，物理学家皮特·希格斯提出了希格斯机制，它解释了一些粒子为什么具有质量，并且预言了希格斯玻色子的存在。这一套物理学机制以及其中描述的各种粒子共同构成了物理学的“标准模型”。直到2012年，欧洲核子中心的科学家才通过大型强子对撞机的实验发现了希格斯玻色子的存在。这也标志着标准模型的完成。

我们目前只能在一个很小的能量范围内观测它们，然后把它们延展到一个很高的能量区域，（在很高的能量区域）你会发现这三种相互作用统一在了一起，这就是目前我们关于实现“大统一理论”最强有力的证据了，这种统一发生在大约 10^{15}GeV（GeV是高能物理学领域的能量单位，1GeV=1.60217662 × 10^{-10} 焦耳）的能量区域内。这个能量也非常接近量子引力理论所描述的能量范围。关于这样的“大统一理论”，起码我们已经畅想了30年，但是我们是否能获得关于“大统一理论”的切实证据？我想恐怕很难，但是起码现在它看起来是个非常美妙的主意。

这一切都和能量相关。目前我们已经有了大型重子对撞机，它的粒子对撞能量可以达到TeV的范围（1TeV=1000GeV）。这个范围内粒子标准模型还非常准确，但是从目前我们可以达到的1000GeV到“大统一理论”所描述的 10^{15}GeV，这个鸿沟我们完全无法跨越，所以问题就在于我们去哪里寻找新的物理学。现在有人就不再去关注“大统一理论”所描述的能量范围，转而关注TeV能量范围，因为在这个领域物理学家们可以做出预测，也可以通过实验进行验证。在这个能量领域里我们还有很多迷惑，比如说目前人们对于希格斯玻色子的质量问题就仍不清楚。

究竟什么是弦理论？

苗千：你能否用非常浅显的语言向读者解释一下弦理论、M- 理论和圈量子引力理论？

戴维·唐：我们发现粒子在自然界中存在着等级问题，比如说从分子，到原子，到质子和中子，还有电子和夸克，等等。而目前我们的知识就停在了这里，我们不知道任何比电子和夸克更小的东西。弦理论认为，当你向更基础的尺度去寻找时，无论它是什么，它都将不再是某种粒子，而是一种振动的闭合的弦。这和我们在生活中理解的弦并没有本质的区别，区别在于它们如何振动。

电子、夸克，或许还有光子、引力子等，可能都是由振动的弦构成的。但是目前人们发现想要用数学描述出振动的弦是一件非常困难的事情。尤其是在 20 世纪 70 年代，人们发现要写出与量子力学相适应的弦理论方程非常困难——物理学家们花了大约 10 年的时间才成功。但是最神奇的地方在于，一旦你写出了与量子力学相符的弦理论方程，你就可以从中推导出关于物理学的所有定律：你可以从中推导出爱因斯坦的广义相对论、狄拉克方程、麦克斯韦方程、强相互作用理论、弱相互作用理论、希格斯玻色子……这非常令人震惊。这正是人们对弦理论着迷的原因，它可以成为物理学的基础架构。但是弦理论也带来了额外的东西，比如说它认为空间不是只有三个维度，而是还存在着更多的维度。虽然它并没有做出非常精确的预测，但是它可以给出正确的数学公式，带给物理学家很多的选择。

有人问能否利用弦理论进行预测。问题就在于，弦理论给出了众多的维度，这给物理学家们很大的自由，可以利用多余的维度做很多事情，但是也因此可以推导出各种各样不同的结果——不同的粒子、不同的相互作用等。这可能正是弦理论的问题，太多的可能性，太多的答案，因此就很难利用它做出任何独特的、唯一的预测。

而关于 M- 理论，我们写的关于弦理论的方程，是建立在弦的尺度非常小的基础之上的，人们在很长的时间里都无法想象弦的尺度变大的场景，但是这个问题在 20 世纪 90 年代被一些物理学家解决了，得出的理论就叫作 M- 理论。从这个角度来说，M- 理论可以说是弦理论的一部分，当然了，也有人认为弦理论是 M- 理论的一部分，或者可以说这是对于弦理论的一个重塑。M- 理论认为，空间有隐含的维度，它总共有 10 个维度，因此我们所说的“弦”（string）实际上是一种“膜”（membrane）。

关于圈量子引力理论，它的基础在于其实它并没有特别有创造力的想法，而只是回归到了爱因斯坦方程——写出爱因斯坦方程的离散形式，然后把它应用到非常小的时空尺度，再试着对公式进行量子化。问题在于，自然界是以不同的尺度进行组织的，在不同的尺度

小知识

量子场论

量子场论（quantum field theory）是现代物理学中用于描述基本粒子以及它们之间相互作用的一个理论框架。量子场论结合了量子力学和狭义相对论，因此适合描述处于高速运动状态下的微观粒子。在量子场论中将分布于时空中的“场”作为基本概念，而将各种粒子看作是场的激发态，通过量子场的相互作用来描述粒子之间的作用。量子场论描述了目前所有的已知粒子，但是仍然没有包含引力作用。

下看上去可能完全不同。比如说我们看到夸克和原子、分子尺度的规则就完全不同。因此我们完全没有理由认为爱因斯坦的引力理论在极小的尺度下仍然成立——它应该看上去完全不同，它应该只是在比如太阳系、银河系这样的大尺度范围内才成立的。

我想这可能正是圈量子引力理论的问题所在，圈量子引力学家们一直都没有做出开创性的发展，他们希望得出在极小尺度下的相对论的离散形式，但是他们必须展示出这个版本在大尺度下也同样有效。他们或许会说这是个困难的问题，但我认为广义相对论在微小的尺度下不一定成立。目前在量子引力理论方面有很多的尝试，当然也应该有很多尝试，但是我必须说目前能够在小尺度下推导出量子力学、在大尺度下推导出广义相对论的理论，只有弦理论。

苗千：你认为自己是一个弦理论学家吗？

戴维·唐：我曾经这么认为，但是现在不了。因为坦白地讲，我认为弦理论可能不是自然界的一个基础理论。如果我们回顾物理学的发展史，就会发现自然界的规律很少是人们之前所想象的那样，而且我也很难想象我们能够跨越15个数量级的能量范围，去正确地理解自然界。现在我们还有非常多的谜团没有解开，目前我们解释自然界的理论是**量子场论**，所以我非常关心的是如

小知识
超对称理论

超对称理论（supersymmetry）是高能物理学领域的一个理论。这个理论描述每个基本粒子都还有一个与之对应的“超粒子”。也就是说，在这个理论中，费米子和玻色子在更高的能量范围内具有某种对称性。目前还没有任何实验证明这种理论上的“超粒子”真实存在。

何去理解和发展量子场论，因为关于这个理论我们也还有很多不清楚的地方。所以你可以把自己一生的工作目标确定为理解量子场论的所有可能性，再加上超对称理论，其中也有着很多可能。但当你认真地研究量子场论，弦理论又会从中浮现出来，所以我们可以认为弦理论是量子场论的一个特殊版本。弦理论当然会给物理学家带来很多灵感，但是我不会自称为一个弦理论学家，我会说自己是一个量子场论学家，或者只是一个理论物理学家。

苗千：目前物理学界对于弦理论也有很多相反的看法，这是否说明物理学正处于危机之中？

戴维·唐：我想情况本来就该是这个样子，因为我们所谈论的是科学的最前沿。我们不知道自己正在往哪儿去。在研究过程中总会是这个样子的，而且大家有不同的意见很重要。目前关于弦理论有很多的误解，很多人都会曲解弦理论。虽然对于大众来说，最简单的方法就是说弦理论是人们所追求的“大统一理论”，但实际上它可能是，也可能不是。

对我来说，更重要的是物理学的各个领域结合在一起形成一个整体。当它实现的时候，你会发现我们对自然界有了更深的理解，你原本不理解的东西忽然变得非常熟悉，这才是研究物理学最大的乐趣，这也正是研究弦理论所获得的乐趣。所以我确实不知道弦理论是否能够正确地描述自然界，或者是所谓“大统一理论”，但它确实是物理学家进行研究的一个有力工具，它对于我的研究工作非常重要。

苗千：你在理论物理学系的高能物理学组工作，那么你是否认为中国应当花费100亿美元去建设一个超级对撞机?

戴维·唐:当然。对于这个项目可能实现的成就来说,100亿美元实在是太便宜了!因为人们依靠这样的一个超级对撞机可能做出各种各样的重大科学发现,而且这样的一个机器将让中国成为世界物理学研究的中心——这会完全改变世界科研的格局。欧洲核子中心作为世界高能物理学研究的中心已经维持了60年,美国在发现夸克等工作中也发挥了重要作用。而现在,如果我们能再上一个台阶那就太好了!美国政府现在基本上撤销了所有对高能物理学领域研究的投资,也撤销了对美国航空航天局(NASA)的很大一部分投资,现在看起来他们好像准备把从这里省出来的钱去建一堵隔绝美国和墨西哥的墙。

现在看来中国正处在建造这样一台超级对撞机的绝好时机。当然也存在这样一种可能性,就是建造出了一台超级对撞机,但是它并没有做出任何重大发现。在历史上我们确实有这样的经历,我们把实验的能量范围扩大了100倍,但是仍然没有什么重大发现,看起来宇宙可能就是这样的。有可能我们在粒子标准模型之外没有任何发现,但是究竟为什么会这样呢?只有当我们真正去探索了才知道会发生什么。大型重子对撞机在科学上是一个极大的成功。我们或许可以指望几个理论学家坐在办公室里做计算,但是科学想要取得真正的进展,永远都需要通过实验去验证——而且这个花费确实不算太高。

约翰·巴罗

霍金的工作就是思考

约翰·巴罗
JOHN BARROW
剑桥大学应用数学及
理论物理学系主任

采访手记

2018 年 3 月 14 日，早上刚刚醒来，我就看到了史蒂芬·霍金教授去世的消息。我当时身在伦敦，北京的同事们要我尽量做一些有关霍金的采访。我曾经在剑桥生活了 5 年，曾与霍金毗邻而居，对他并不算陌生。如今这位世界知名科学家去世，我马上联系了他生前工作的地方——剑桥大学应用数学及理论物理学系，希望能够进行采访。我很快就收到了回信，当时剑桥大学应用数学及理论物理学系主任约翰·巴罗教授约我第二天见面。

第二天一早，我乘火车赶到剑桥，去应用数学及理论物理学系与巴罗教授见面。霍金教授刚刚去世一天，我能够感到整个系里仿佛都弥漫着一种悲伤的气息。在巴罗教授的办公室里，关于霍金的一生和他的科学研究，我们聊了一个多小时，才有了这篇报道。

在采访之前，我也收集了巴罗教授的一些情况，知道他其实与霍金算是同门师兄弟。他们都出自英国著名天体物理学家丹尼斯·夏玛门下，所做的研究有相似之处。但是我们之间的话题始终围绕着霍金，几乎没有涉及巴罗教授本人。

采访结束之后我回到伦敦，难免对巴罗教授有了更多的兴趣，于是开始搜索关于他的信息。我这才发现，他不仅是一个杰出的理论物理学家，与霍金和他们的导师夏玛一样，还是一个非常优秀的科普作家。更令我吃惊的是，巴罗居然还是一个颇有成就的剧作家。我开始有些后悔，在采访时为什么没有问一些关于巴罗自己进行的研究和创作的问题。

后来这件事逐渐淡去。直到有一天，我在查资料的时候需要查找关于巴罗教授的信息，才发现他已经在 2020 年 9 月去世了，当时我心中一片怅然。

引子

2018年3月14日，剑桥大学应用数学及理论物理学系（Department of Applied Mathematics and Theoretical Physics）教授史蒂芬·霍金去世。第二天，我在霍金曾经工作的系里采访了系主任约翰·巴罗。巴罗与霍金的博士导师同为英国著名天体物理学家丹尼斯·夏玛，此后两个人同为理论物理学家，在剑桥大学共事多年。在他的办公室里，他讲述了自己眼中的史蒂芬·霍金。

霍金并非只关注黑洞

苗千：多年以来，史蒂芬·霍金都是科学界最鲜明的形象之一，同时他也是一个病人和一个理论物理学家。作为他的同事，能否介绍一下你所认识的史蒂芬·霍金？

约翰·巴罗：霍金和我的博士导师都是丹尼斯·夏玛，他大约比我大10岁。所以我是夏玛在牛津时期的学生（20世纪70年代到80年代早期，夏玛从剑桥大学转入牛津大学做研究，霍金是他此前在剑桥大学的博士生）。我在1974年师从夏玛进行博士研究，差不多正是在那个时候，霍金向《自然》（*Nature*）杂志投稿，他在那篇论文里论述了人们后来所说的“霍金效应”（Hawking Effect）——所谓黑洞（balck hole）实际上是一种黑体（black body），它们也会向外辐射粒子，这正是霍金成为世界级科学家的开始。

之后（从1979年到2009年）他成为剑桥大学的卢卡斯数学教授

小知识

奇点定理

在广义相对论中，所谓奇点指的是曲率变得无穷大的点。奇点定理（singularity theorem）也被称为彭罗斯－霍金奇点定理，是根据广义相对论解释在宇宙中产生引力奇点的一个理论预测。这个定理由罗杰·彭罗斯和史蒂芬·霍金在20世纪60年代提出。

（Lucasian Chair of Mathematics）。在20世纪60年代，他的论文和著作主要是论述宇宙扰动的一些技术性问题，之后他又开始对一些“**奇点定理**”感兴趣。牛津大学的数学家罗杰·彭罗斯（Roger Penrose）向他介绍了物质因为引力塌缩可能形成黑洞，自己用此前还从来没有人在宇宙学和引力学研究中用过的数学技术来研究黑洞问题，而霍金很快就可以拓展这些理论，他和彭罗斯共同写了一些论文。实际上这些论文都非常数学化，其中讨论更多的是“定理”（theorem）而不是“理论”（theory）。之后霍金开始研究量子引力问题，他希望可以通过宇宙学观测来判断和限制宇宙是否可以被扭曲，他和罗杰·泰勒（Roger Taylor）合作进行宇宙观测，试着通过当时刚发现不久的宇宙微波背景辐射来探测宇宙的旋转。

我想这说明霍金是一个有着广泛兴趣的科学家。他利用微分拓扑学做了很多高度数学性的工作，有的时候他又对物理学问题更感兴趣，比如宇宙中的核合成问题、微波背景辐射问题等。他也和理论物理学家加里·吉本斯（Gary Gibbons）合作设计过引力波探测装置。他的第一个学位是物理学而不是数学，在1981—1982年左右，他关于量子引力方面的工作，涉及量子宇宙学、暴胀宇宙模型、在暴胀宇宙中宇宙波动的起源等。当时他主要是与詹姆斯·哈妥（James Hartle）一起在设计量子宇宙学模型领域进行工作，后来他又和一些更加年轻的研究者们共同工作。这基本上就是他一生进行科学研究的轨迹——他并不只是关注黑洞，那只是他的一个关注点而已。

霍金也关注宇宙模型。在量子引力问题上，人们直到现在也没有彻底解决。但是关于霍金效应，这算是一个比量子引力问题更为一般化的效应，它说明黑洞也会蒸发，这是基于热动力学得出的结论。

实际上人们在 1974 年之前就意识到了黑洞动力学与热动力学之间非常奇特的相似性。比如说如果两个黑洞合并，它们的表面积永远不会减少，新合并的黑洞的表面积总会大于之前两个黑洞的表面积之和，而且你不可能通过有限的行为把黑洞的表面积减少为零。人们发现，在黑洞动力学中，如果你把“黑洞表面积”替换为“**熵**”，把“表面引力”替换为“温度”，这就会与热动力学第四定律一致。当时有些人认为这只是一种巧合而已，因为黑洞根本就没有温度，它的温度一定是绝对零度，它没有任何辐射。但是霍金认为，如果你以量子力学的眼光看待黑洞，它确实会向外发射辐射。而且黑洞确实具有温度，这由它的表面引力所决定——这是一个戏剧化的发现，这说明你有可能只是通过热力学规则就能够最终得到一个量子引力的理论。

小知识
熵

熵（entropy）是热力学和统计物理学中的一个基本概念。简单来说，它描述了一个系统的无序程度或是混乱度。一个系统越混乱，它的熵值就越大。根据热力学第二定律描述，在一个封闭系统中，熵值总是倾向于增加或是保持不变。也就是说，自然界倾向于更大的混乱度。

（霍金发现的）这个著名的公式（熵方程式，即黑洞力学，$S_{BH}=\frac{kc^3A}{4G\hbar}$），霍金曾经说过他希望以后可以刻在他的墓碑上。它描述了一个黑洞的熵，其中包含了玻尔兹曼常数（热力学）、普朗克常数（量子理论）、光速（相对论）和牛顿的万有引力常数（引力学），因此这是一个包含了所有基本常数的公式。这是现代物理学最伟大的发现之一。当然也有人预测，我们可能会发现极小规模的黑洞在蒸发的最后阶段发生爆炸——这还从来没有被发现过。当然我们也不期待发现这种现象，因为这会说明宇宙在刚刚出现时是一种非常混乱的、非常不均匀的状态，我们也不相信宇宙是这样的。

如果真的存在这种所谓原初黑洞（primordial black hole），会说明宇宙在早期处于一种非常不规则的状态——如果真的是这样，就有可能存在着大量的原初黑洞。那么你需要在现阶段恰好留下足够多的黑洞，但又不是特别多——当然如果真的发生了宇宙暴胀，暴胀又会把所有的这些原初黑洞推到我们的视野之外。实际上这正是霍金在1975年做出的一个重要发现，这也是他在之后和很多人合作的基础。在这之前，人们相信黑洞可能在宇宙各处出现，之后才发现黑洞会对外辐射，它们是黑体，黑洞的温度与自身的质量成反比，只有非常非常小的黑洞才会有很高的温度。理论上，现在会爆炸的黑洞，只会有一个质子的大小，但是它可能会有一座大山的质量，会出现大量的伽马射线爆发，（如果这种现象真的发生）你应该可以在地球上很容易观测到。

当然马丁·里斯也建议过，可能大约40%这样的原初黑洞爆发出现了电子和正电子，如果恰好是在星系的磁场内部，它们也会随之旋转，形成同步辐射——当然我们现在也还没有发现这样的现象。这种现象如同超新星爆发，只不过是以一个质子大小的规模爆发，但是到现在我还没有观测到过。无论如何，霍金在他的整个职业生涯中对于宇宙学的各个方面都有兴趣。在他生命最后的这几年，他主要研究量子宇宙学和宇宙永恒暴胀方面的一些技术问题。

苗千：霍金在系里面是如何做研究工作的？

约翰·巴罗：霍金一直都在系里，只要没有在外旅行，他每天都会来系里，参加讨论和研讨会，他一直在关注学科的发展。他也总是需要知道科学界发生了什么，这就要有人告诉他。他喜欢喝咖啡，我想他稍微有一点对咖啡上瘾。在系里，他总是非常积极地和其他人交流。当然因为他在早上要接受治疗，所以没有办法参加太早的会议，但是他从上午 11 点左右直到下班都会在工作。他的整个职业生涯中，唯一一件从没办法做到的事情就是教学——给本科生上课。所以他的整个生涯拥有的都是研究职位。当然这也让他有时间进行一些管理工作，我们会在他的大办公室里开会讨论申请经费之类的事情。

他之前带过一些博士生。后来他在 67 岁那年正式退休，从那之后他就没有再接收任何的博士后研究员，但是他仍然会和自己之前的博士生和博士后还有其他研究者合作进行研究。在 1999 年之前，应用数学及理论物理学系是在剑桥的银街（Silver Street）上的另一座建筑里，那个老建筑非常不适合轮椅出入。直到 1999 到 2000 年我们才搬到西剑桥的这座新建筑里，这个新建筑有很多的轮椅坡道，很适合他每天活动和上下班。

苗千：就是说霍金的研究兴趣非常广泛，并不只限于黑洞。

约翰·巴罗：当然不只限于黑洞。丹尼斯·夏玛指导了马丁·里斯、霍金、我，还有其他很多学生。夏玛总是叫霍金“史蒂夫”（Steve），现在想起来好像有点奇怪，他总是叫“史蒂夫、史蒂夫”。夏玛是在

1999年突然去世的。霍金从牛津毕业来到剑桥，和夏玛进行宇宙学研究。在当时还有很多人相信静态宇宙模型，霍金在一开始从事的也是静态宇宙模型研究，夏玛在当时也支持静态宇宙模型，但是他很快就转变了想法，因为宇宙微波背景辐射被发现了。当时霍金进行的是宇宙中的密度扰动研究，处理一些技术问题。那个时候出现了**规范场论**，霍金想到了可以利用一些完全不同的变量来研究宇宙学问题。

小知识

规范场论

物理学家根据局部和全局对称变换的思想，引入了规范场。规范场论（gauge invariance）是现代物理学中用以描述基本粒子及其相互作用的一个理论框架。针对不同的相互作用，又分为阿贝尔规范场论和非阿贝尔规范场论。

之后霍金和乔治·埃利斯（George Ellis）在1973年合作出版了《时空的大尺度结构》（*The Large Structure of Spacetime*）。这是一本非常著名的书，也是非常著名的“剑桥数学物理学专著”（Cambridge Monographs on Mathematical Physics）丛书的第一本。这正是夏玛邀请他们合作撰写的。这本书的内容非常难，技术性非常强，几乎算是这个研究领域的“圣经”。

正是因为如此，每当有些有某种疯狂念头的人给你写信说他发现了宇宙结构的本质时，你就可以对他说，先去读懂这本书再说，这是在这个领域进行研究的起点。这也是霍金写过的唯一一本技术性书籍。乔治·埃利斯的工作对于这本书的出版很重要，因为他可以做很多打字和规划方面的事情。他们也一起合作撰写了很多关于“奇点理论”的论文。乔治·埃利斯是夏玛的第一个学生。在霍金读博士的时候，他已经是一位年轻的讲师了。

如果一个人不幸患上了霍金的病症，他虽然也可以做一个非常好的研究者，但是在学术领域确实很难找到一席之地，因为他没法讲课。如果从实际出发，这样的研究者最好是去一个国家实验室工作，但是霍金足够优秀，以至于可以在剑桥大学获得特殊的职位。当时弗雷德·霍伊尔（Fred Hoyle）在剑桥大学创办理论天文研究所，自己担任研究所的第一任所长，亲自指定了霍金来担任研究所中的一个研究职位。

很奇怪的一点是，有一些关于霍金的生活经历的电影，在某些方面都是非常不准确的，尤其是描写霍金身边的人总是非常不准确。夏玛被描绘成一个非常保守的人，实际上恰好相反。（在电影里）霍金指出了静态宇宙模型的一些缺点，霍伊尔就像是他的敌人一样处处反对他。而实际上完全不是这样，正是霍伊尔指定他从事这项工作，而且处处照顾他进行研究。霍金是第一个获得理论天文研究所的工作的人，之后又有了剑桥大学天文学中心，后来他来到了应用数学及理论物理学系成为教授。

如何观测霍金效应？

苗千：你认为霍金算是一位物理学家还是一位数学家？

约翰·巴罗：他两者都是。他经常说自己相比于一个数学家来说，更是一个物理学家。但是他总是能够非常迅速地学习和应用他需要用到的数学技术。所以说他是一个"非常理论"的理论物理学家。他在进行量子引力理论研究之前曾经认真利用微分拓扑学研究时空的结构，他也曾经花了很多的时间去研究现代量子理论，例如费曼路径积分理论。他还曾经因此利用学术休假去了加州理工学院，因为在那里他可以和费曼直接交流。他也花了很长时间在量子场论领域的研究。

夏玛曾经说过，当你分析霍金效应以及所有与之类似的理论时，你会发现它们看起来都非常简单和直截了当。霍金的论文当然没有这么简单，他用了大量量子场论领域的手段。重要的是，当时很多人在这个领域已经有了很长时间的研究，但是他们从来都没有注意到霍金效应可能存在。黑洞理论与热动力学的相似之处，在当时从来没有人注意到，这就是霍金的直觉，可以意识到什么是正确的。正是因为他身体上的不便，他更倾向于进行几何层面的研究。当然他也有可能研究数论这样的学科，但是这可能就会涉及太多技术层面的东西。霍金更倾向于拓扑学和几何学方面的问题，他可以非常容易地把这些问题视觉化。

如果你向霍金问一个问题，你必须也事先准备好简单的回答供他选择。比如说你绝对不能问他：你认为关于宇宙诞生最好的理论是什么？那他可能需要花一个星期的时间来回答你。但是如果你问他，是否认为圈量子引力理论是个好想法？那么他可能就会直接回答你：不。你需要事先建立好答案，问他一系列的短问题，而不是过于笼统的问题。学生们会直接在黑板上写问题，他可以做出回答，比如说告诉学生接下来做哪些研究。霍金的疾病逐渐发展，我们都可以明显地看出来他的反应越来越慢了，表达一句话花的时间越来越长，这在10年前还好得多。

苗千：你认为他最大的科学成就是什么？是霍金效应吗？

约翰·巴罗：我想是的。因为这个理论不是建立在某个特殊的理论如弦理论和广义相对论之上，它就像是热动力学理论一样，比一些特殊的理论更有意义。任何未来的量子引力学家进行研究，都需要能够包含霍金效应。当然有些细节之处可能改变，比如黑洞在最后的阶段可能发生什么，也许黑洞不会完全地蒸发消失，也许会有普朗克尺度的残留，或者成为时空中的一个虫洞，等等，我们还不知道。但这肯定是他对科学最重要的贡献。我们会发现现在仍然有很多人在寻找原初黑洞，这仍然是一个很活跃的领域。引力场本身具有熵，这是一个指导性的原则。弦理论把霍金的熵用其他方式推导出来。关于黑洞的所有信息都在它的表面，这是霍金研究黑洞的一个重大发现——不是体积，而是面积。

小知识

虫洞

广义相对论存在着一组特殊解。针对这组特殊解，物理学家约翰·惠勒将其生动地描述为虫洞（wormhole）。虫洞是一种仅存于理论上的时空结构，连接宇宙中遥远的两个点，就像是一个虫子在苹果表面的两点间钻出一条隧道，将其连接起来。不过并没有任何证据证明虫洞真实存在，在理论上也很难在时空中建立起一个稳定的虫洞。

目前一些引力波探测的仪器，比如说激光干涉引力波天文台（LIGO）就有可能看到一些（关于霍金效应的）效果。如果你发现了两个黑洞正在合并，你可以观察它们合并之前和之后的面积，再去和理论相验证。我想我们以后会发现更多的黑洞合并现象，当然有更多人想发现中子星的合并，因为我们更想知道中子星的结构。我们也想探测到在其他频率范围内的，比如说射电信号、伽马射线爆发等宇宙信号，再去验证理论，比如说这些信号是否都以同样的速度到达地球。

霍金生前对于引力波探测非常感兴趣。去年（2017 年）我们为他庆祝生日，主要探讨的就是关于引力波探测的问题。当时他还曾经向英国研究委员会（Research Council）申请在剑桥的一条街上设立一个棒型引力波探测器——那可能是世界上最不适合观测引力波的地方，因为干扰太多了！

苗千：你认为我们有没有可能真正探测到霍金效应呢？

约翰·巴罗：永远都不知道。有可能在我们的附近就会有一两个正在爆发的黑洞。还有一种可能，有天文学家指出，如果我们在真空中加速，你会观测到热辐射——如果再联想到爱因斯坦提出的等效原理，在局部你无法分辨引力场和加速造成的效应，因此在局部你无法分辨你是受到了黑洞的引力还是在做加速运动。有人怀疑，当在非常高的加速状态下时，例如欧洲核子中心（CERN）的粒子加速器中的基本粒子，有可能测到霍金效应的反效应，当然现在我们还没有观测到。

另一方面，你看在热动力学、空气动力学、流体动力学等领域，与黑洞的引力场都有相似之处。这说明我们可以观测到与霍金效应类似的效应。有科学家提出可能在流体力学领域发现与霍金效应类似的效应。如果你观测两个正在合并的黑洞，谁知道呢，也许合并后的黑洞会甩出来极小的黑洞，这些极小的黑洞可能立即就蒸发掉了。你甚至可以想象通过碰撞制造出极小的黑洞来——在这方面还存在着各种各样的可能性。

在20世纪70年代末之前，人们对于寻找这样可能发生爆炸的黑洞非常兴奋，但是一直没有发现。随着天文学观测的发展，对此的限制越来越多，现在人们已经认为不大可能发现爆炸的黑洞了。人们现在不再对发现单个的黑洞爆炸寄予希望，而是希望从伽马射线爆发中得到线索。

“超级明星”的背后

苗千：你认为人们对于霍金最大的误解是什么？

约翰·巴罗：我想是在媒体的推波助澜之下，霍金成了大名人。尤其具有讽刺意味的是，这先是因为他的那本书《时间简史》引人注意，然后人们才开始关心起他的研究。因此，首先他就被人们误解了，他从来也没想到自己那本书能够如此成功，这很神奇。出版商的商业运作非常成功，周围的各种公关活动让他成为一个公众人物。可能最不好的一个结果就是，大众开始认为他对于所有话题都无所不知，都是专家——他当然不是了。比如他对于科学史、哲学等方面并没有太多的研究，但是人们愿意相信他对于所有事情的判断，包括人类文明的未来等。在这些方面，我想霍金是被误读和“误用”了，他可能并没有太多新奇的观点可以说。

苗千：霍金是否享受如此巨大的名声呢？

约翰·巴罗：我想是的。他有的时候甚至是在拿媒体开玩笑（teasing），他觉得自己说了什么东西之后马上就会成为世界热点新闻这件事情很好笑。但是在其他的一些方面，他是很认真的。比如说争取残疾人权益方面等，他是英国残疾人的领袖，这也是他在 2012 年英国残奥会上发言的原因。无论是在剑桥还是其他地方，他都在为残疾人的各项权益发声和奋斗，比如说呼吁修建轮椅坡道等，在这些方面他做了大量的工作。

霍金同样也关心英国国家医疗服务体系（National Health Service）。

在他去世前的几个月，他还和杰里米·亨特（Jeremy Hunt，英国卫生大臣）进行过对话。亨特希望把国家医疗服务体系的一些部分私人化，而霍金一直都被国家医疗服务体系所照顾，所以他对于这个体系非常支持。在这些方面霍金都非常认真，而在其他方面，我想他都只是试着说一些具有娱乐性的话而已。

苗千：霍金在生活中是怎么样的?

约翰·巴罗：我在社交方面和霍金并不算太熟，因为他是一个非常以家庭为中心的人，和他的孩子们、孩子们的家庭、孙辈的孩子们生活在一起。他和家庭成员的关系很紧密，他的女儿、前妻住得都离他很近。而且因为霍金的健康状况，我们不可能和他进行长时间的谈话，只是有的时候一起去世界各地开会，共同旅行而已。

夏玛曾经告诉我，当霍金被检查出了患有运动神经元疾病时，他刚刚开始自己的博士研究。霍金的父亲去找过夏玛，问夏玛有没有什么办法让霍金能够尽快拿到博士学位，因为他认为霍金可能很快就要去世了。但夏玛回答说不行，他必须先满足博士毕业的要求，而且夏玛认为这并不是什么重要的事情，因为霍金应该可以先发表一些论文。夏玛认为发表学术论文比博士论文重要得多，博士论文只是论文的一个集合体而已。

在 1974 年，当时我还是牛津大学的学生，霍金去过牛津几次，那时他还可以自己开车，他用的是一种为残疾人改造过的特殊驾驶装置。当时人们看到他自己开车，总是会感到非常担心，但那时他还可以自主行动，而且他还可以自己做一个演讲——当然大多数时候是由合作者加里·吉本斯为他进行翻译。因为肌肉逐渐瘫痪，他的发音已经很不清晰了，除非你和他非常熟悉，否则很难听懂他的话。

后来霍金就不再开车了，但是也开始有了新的科技。新技术让他有了自己的合成声音，也可以打字。这对于很多人来说都是一件好事，因为之前只有几个人能够和他交流，理解他的话。但随着合成声音的出现，所有人都能听懂他的话，他也可以自己做演讲，也能够回答问题了，这是一个巨大的进步。20 世纪 80 年代的计算机技术革命让霍金受益非常大，否则他的生活会非常艰难。

在大多数时间里，都是他的前妻简在照顾他，还有他带的学生。有些学生干脆就住在他家里照顾他，所以要做他的学生也会是一件很不容易的事情，你可能需要照顾他的生活，也因此他几乎没有任何女性学生。照顾他变得越来越难，也正是在这个时候，各种基金加入进来，可以为他找专业的护士进行护理。在系里工作时也会有护士照顾他的午餐和医疗设备等，他还有一个技术助理为他管理电脑，有一个私人助理为他管理日程等方面，也有人为他整理发言……有一组人总是和他一起旅行，这是很昂贵的开销。其中有基金的帮助，当然也有他撰写畅销书的收入——这本来就是他最开始写这些书的目的。他需要赚钱来支持自己的生活，当然也包括上电视节目的收入等。

苗千：他对外界来说是一个名人，但是在私下，在系里，他会谈论自己的疾病和痛苦吗？

约翰·巴罗：他从来都没有谈过，他更喜欢看起来更积极，做他能够做到的事情。也许会有和他有类似痛苦的人过来找他谈这方面的话题，但是在平时，霍金和你在电视上看到的形象差不多，他认为自己能够在这个领域工作非常幸运，他并没有被自己的疾病所限制。如果霍金是一个需要进行观测的天文学家，或者是一个化学家，他根本就没有机会进行工作。而在这个领域他一直都在工作，他的工作就是思考。

同时你也可以很明显地看到他疾病的逐渐加重。对于流感这样的疾病，一般人可能一周左右就恢复了，而对他来说就会非常严重，可能需要去医院治疗。即使是恢复了，仍然能看出来他比之前虚弱了很多。如果发生了感染就更严重了。

苗千：你和霍金师从同一位导师，又同为理论物理学家，你认为作为理论物理学家最大的好处是什么？

约翰·巴罗：理论物理学是一个非常大的领域，我们的领域在宇宙学。我想最好的一点在于，我们研究的都是最简单的问题，就像是街角的每个小孩子都能问出来的那种问题：我们的宇宙是怎么产生的，宇宙到底有多大，以后会发生些什么，等等。这正是我们研究的问题。如果是一个化学家，或是一个凝聚态物理学家，他们的研究领域可能就是非常技术性、非常复杂的了。宇宙学所研究的都是非常大的问题，你同样也有机会去创造新问题，并且和其他领域的问题相结合。比如通过天文学观测的结果来为粒子物理学做出贡献，反之亦然。大多数的理论物理学家都有非常广阔的兴趣，同时在很多领域进行研究，起码是进行思考，我想实验物理学可能就不会这样工作，他们不可能同时进行五项基础实验，这太贵了。

最好的理论物理学家总是有很多的兴趣，而且会不断产生新的兴趣。这就是其中最好的一点。理论物理学是一个总是向外发展的领域。

如果你研究数论，研究纯数学，情况就会完全不一样，研究领域就会变得非常专业和单一。

苗千：对于一些理论物理学家，比如说霍金，在他所研究的领域，会不会因为过于“理论”，让人们可能根本没有机会去验证？

约翰·巴罗：我想不会的。在20世纪30—40年代，量子理论才刚刚开始发展起来。像海森堡、波恩、狄拉克这样的一群物理学家所做的研究在当时看起来也会显得非常奇怪，会远比现在的弦理论看起来奇怪得多。所以我想，回溯到牛顿的时代，牛顿所用的数学几乎没有人能懂，几乎没有人能明白牛顿在做什么，他自己发明了这些数学工具。从这一点上来讲，牛顿即使与爱因斯坦和霍金这样的天才相比，也是另一个层次上的天才。牛顿自己创造了数学手段来进行物理学研究，他又进行了物理学实验来验证自己的物理学理论，实际上他自己制造了三棱镜和望远镜等实验器材，他甚至造出了制造实验器材的工具。他从小时候起就非常善于制造各种东西。牛顿对于任何人来说都是完全不同的天才。

苗千：在系里有一位“超级科学明星”是怎么样的？会不会也有另一种所谓“霍金效应”，吸引很多人慕名而来？

约翰·巴罗：霍金是一个名人，他有时会上电视，但更重要的是他会因为自己的研究吸引很多重要的科学家前来交流，来参加他组织的会议等。很多物理学家都会来剑桥和他交流互动，也有很多的资助者、慈善家想资助他和他的研究，因此会对系里进行捐助。现在系里有一个史蒂芬·霍金教授职位，我们马上就会为此发出广告。我们为霍金在这方面的研究提供了很多的帮助，而他也吸引了很多世界级的科学家前来交流，当然他也吸引了很多对这个领域有兴趣的学生来进行学习研究。

苗千：最后一个问题是关于他最有名的一本书——《时间简史》的。我听说这本书的初稿里满是各种数学公式，但是后来出版商劝他删掉了所有和数学有关的东西？

约翰·巴罗：我没有见过这本书的初稿。当时是他的一个学生为这本书做了整理，进行了很多编辑工作，不过当然我也听说了那个故事，可能是一个书商说每多一个公式，书的销量就会少一半。也许他们最后把这些公式都删掉了。但在当时还没有类似的畅销书，所以他们也不知道究竟会发生什么。但我想当时是某个书商选中了《时间简史》这个名字，这真是个非常好的名字。之后《时代》杂志对这本书进行了报道，这本书一下就成了一种现象。

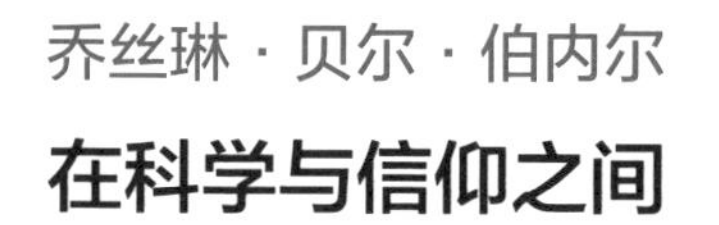
乔丝琳 · 贝尔 · 伯内尔
在科学与信仰之间

乔丝琳 · 贝尔 · 伯内尔
JOCELYN BELL BURNELL
牛津大学天文学家

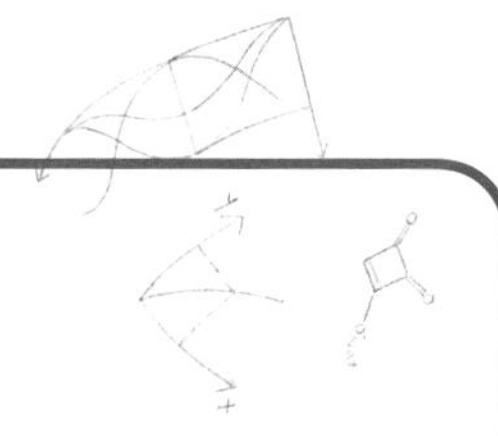

采访手记

我坐在会客室里等待乔丝琳·贝尔·伯内尔女爵士（Dame Jocelyn Bell Burnell）的到来。我从伦敦赶来，约在她工作的牛津大学物理系见面。她稍微迟到了一些，我饶有兴趣地阅读物理系会客厅里贴着的各种学术画报。

大约等待了15分钟，伯内尔女爵士和我见了面。看着眼前这位已经70多岁的女科学家，我心里想到的第一个词是“慈祥”。原来她已经从系里退休，不再进行研究工作，这次是专程从家里赶过来和我见面。我感到一丝尴尬，埋怨自己事先功课做得不够，竟然不知道她早已退休，还当她是一个仍在实验室里进行研究的科学家。

这也与我对伯内尔女爵士长久以来的“刻板印象”有关。毕竟在我的心里，她一直都是那个20多岁、彻夜不眠、守候在探测仪器旁的剑桥大学卡文迪许实验室的博士生，脉冲星的发现者之一，也是我的同门师姐。

令伯内尔女爵士在天文学界成名的，正是她在剑桥大学读博士期间，发现了一种神秘的周期性信号，虽然人们意识到这个信号来自一种神秘的、当时还不为人所知的天体——脉冲星。更引发争议的场景随后出现在瑞典——作为这个天体的发现者，伯内尔女爵士并未被授予物理学界的最高荣誉诺贝尔奖，而是对此现象进行解释的两位科学家——她的两位导师获奖。也正是这样明显的不公，让伯内尔女爵士成了长久以来人们议论的中心人物。

围绕着诺贝尔奖引发的争议，可能会涉及很多敏感话题，例如女性科学家在科学界的地位，学生和导师之间的科学贡献该如何划分，等等。但当我终于把话题引向了诺贝尔奖时，伯内尔女爵士的表情没有任何改变，继而给出了一个滴水不漏的回答。大约是因为她已经太多次面对这样的问题，而且在学术荣誉方面，她也算是得到了相应的补偿。

我们的谈话并没有进行太长时间，伯内尔女爵士便告辞回家了。她离去时的身影看上去只是一个普通老人。或许在回家之后，她也要面对诸多繁杂的家务事，全然没有了在和我谈话中展望物理学和宇宙学发展时的敏锐和深刻。但她作为一个物理学家的形象，将永远留存在人们的记忆和想象之中。

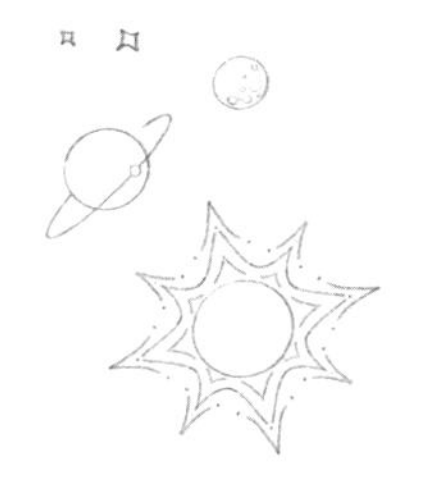

引子

乔丝琳·贝尔·伯内尔女爵士是英国最著名，也最具话题性的女性科学家之一。2018 年 5 月，已经退休的伯内尔教授在牛津大学接受了我的采访。

伯内尔 1943 年出生于北爱尔兰城市贝尔法斯特的一个贵格派（Quaker）家庭。在宗教气氛浓郁而又思想开明的家庭氛围中，她的成长受到做建筑师的父亲的极大影响。伯内尔的父亲阅读爱好广泛，经常从图书馆借出各种书籍带回家，这自然也影响了伯内尔的阅读趣味。

伯内尔在少年时期就展示出在科学方面的才华。14 岁时的一天，她偶然看到父亲从图书馆借来的两本书，一本是弗雷德·霍伊尔的《天文学前沿》（*Frontiers of Astronomy*），另外一本是丹尼斯·夏玛的《统一的宇宙》（*The Unity of the Universe*）——两位剑桥大学的天文学家撰写的关于天文学的科普书籍让伯内尔读得津津有味，从此开始对天文学着迷。

尽管对天文学研究充满兴趣，但一开始伯内尔对于自己的科研能力并无太大信心，担心自己没法成为一个成功的天文学家，因此她在大学阶段选择进入格拉斯哥大学物理学专业学习，算是给自己留一条出路——如果在大学里的成绩并不突出，自己还可以在毕业后凭着物理学学位找到工作。

伯内尔随后在博士研究阶段进入剑桥大学卡文迪许实验室，跟随英国著名天文学家安东尼·休伊什（Antony Hewish）从事天文学研究，她一生中最著名也最有争议性的事件正是在博士研究阶段发生的。在

1967 年进行的天文学观测中，她首先发现了一种周期性的、酷似由外星生命发射的神秘射电信号，这个来自太空的信号被命名为“小绿人1 号”(Little Green Man 1)。

这种前所未见的新奇射电信号，经过伯内尔的多次提醒，终于引起了导师休伊什以及当时卡文迪许实验室的另一位著名天文学家马丁·赖尔(Martin Ryle) 教授的注意。他们经过仔细研究和分析，由此发现了宇宙中一种独特的天体——**脉冲星**。

> 小知识
> 脉冲星
>
> 脉冲星（pulsar）是宇宙中一种非常致密的天体，也可以看作是一种非常特殊的中子星。当一些大质量恒星耗尽燃料发生超新星爆炸时，其核心就可能塌缩形成中子星。而脉冲星会以惊人的速度旋转。有些脉冲星每秒钟会旋转数百次，它们发射的有规律的脉冲信号有可能被地球探测到，因此被称为脉冲星。这类天体拥有强大的磁场。在宇宙学研究中，它们也可以被当作高精度时钟。

因为这项杰出的发现，安东尼·休伊什与马丁·赖尔共同获得了 1974 年的诺贝尔物理学奖，而作为脉冲星信号的最初发现者，伯内尔却榜上无名，这在全世界科学界引发了极大的争议。此后，伯内尔因为发现脉冲星和其他出色的天文学研究成就获得了科学界的众多荣誉，她也曾担任英国皇家天文学会(Royal Astronomical Society) 会长和英国物理学会(Institute of Physics) 会长。

引力波天文学开启了一个全新的时代

苗千：从博士研究开始，你在整个研究生涯中，经历了天文学领域的两次巨大转变：一次是天文学研究从静态宇宙模型转变为膨胀的宇宙模型，另一次是从膨胀的宇宙模型转变为加速膨胀的宇宙模型。你认为现在的天文学研究中，有没有类似于之前这样令人激动的大转变正在发生？

伯内尔：是的，关于（宇宙是静态的还是膨胀的）这个问题的争论，在我读博士的时候进行得最激烈，人们后来花了很长时间才真正解决了这个问题。对于现在的天文学研究，我认为最有希望的领域是**引力波天文学研究**，可能会比之前两次天文学研究的突破更加重要，因为它开辟了一个全新的领域。天文学家们花了40多年的努力才取得了这样的成就，（引力波天文台）终于达到了探测引力波所需要的灵敏度。

小知识

引力波天文学研究

所谓引力波，指的是时空自身产生的波动。爱因斯坦在1915年发表的广义相对论中预言了这种现象的存在，但是直到2015年，人类才首次直接探测到了引力波的存在。目前人类已经可以通过引力波天文台探测到宇宙中中等质量黑洞合并时发射的引力波信号进行天文学研究。在未来还将探测到更多的引力波源，进行更广泛的天文学研究。

苗千：人类对于宇宙曾经有一个非常简单的描述：从大爆炸开始，然后星系形成，持续膨胀……现在我们发现了**暗物质、暗能量**，就像你说的，这变得“越来越

小知识

暗物质、暗能量

暗物质和暗能量的本质是目前宇宙学研究的两大谜团。人类在20世纪30年代进行宇宙观测时就发现了暗物质的存在。这种物质只参与引力作用，而无法被看到。在20世纪末，天文学家测量宇宙的膨胀速度时发现宇宙在加速膨胀。这说明有一种驱动力在推动宇宙的加速膨胀，这种神秘的能量就被称为暗能量。目前人类发现，我们已知的普通物质只占到整个宇宙质能总和的4.9%，暗物质占到26.8%，而暗能量占到68.3%。

凌乱了”（getting messier and messier）。那么你对于我们现有的宇宙图景有什么看法，它会是我们关于宇宙的最终理解吗?

伯内尔：我肯定这不会是人类关于宇宙的最终理解。现在天文学家们正在对脉冲星进行一些更细致的观测，这会把爱因斯坦的广义相对论推到最极致的程度，因为我们知道，引力的强度和其他基础相互作用的强度有很大不同，而且目前引力理论与量子引力理论也并不相容。有人怀疑，我们对于引力的理解并不完全正确，有一些研究脉冲星的天文学家希望利用脉冲星对广义相对论进行最严格的验证，并且验证等效原理（广义相对论最基础的理论假设）。至今为止，我必须说，爱因斯坦的理论（广义相对论）都极为成功，但是我们希望能够找到一些与其不相符的观测结果。虽然目前还没有发现，但是这样的观测会一直持续下去，而且观测的精度会越来越高。

苗千：你是否持有一种信仰，宇宙应该是简单并且是美的?

伯内尔：我想这更多是一种科学家做出的假设，很多时候如果人们观测到一些与理论预测相符的结果，就会感到非常激动。但是我认为（持有这样的信仰）也会有一种危险在里面，因为有好多次我听到有人说“这个理论看上去这么漂亮，它一定是正确的”——这不是好的科学态度。保持开放的态度非常重要。

苗千：你认为目前在天文学研究中最大的谜题是什么？是有关暗能量的真实身份吗?

伯内尔：有可能是暗能量，在这方面我不大确定。目前在天文学领域，有一个重大进展就是研究持续时间很短的天文学现象（transient phenomena），这种现象还几乎没有被人仔细地研究过，直到最近才引起重视。对于这种现象的深入研究将会是天文学领域在下个十年的重要课题，而且我猜想，会在天文学观测中发现一些我们根本意想不到的现象，这可能完全改变我们对于宇宙的认识。我们正在经历天文学研究中一段非常有趣也非常重要的阶段，再过十年，天文学研究会处于什么状态，我实在没办法想象。

苗千：这个问题是关于你的家庭的。你出生于一个贵格派的家庭，那么你是否信仰上帝？你如何在信仰和科学之间找到平衡？

伯内尔：信仰和科学对于我来说并没有任何矛盾之处。因为在我的教派中，人们不会告诉你必须去相信什么。我的教堂告诉我，要由自己去探索该相信什么。所以我拥有发展自己的宗教观的自由，对我来说，在宗教和信仰之间并没有矛盾，这两者连产生矛盾的机会都没有。我只能说，宗教和科学对我来说都很合适，符合我的品位，它们只是我生活中完全不相干的两个部分。

苗千：欧洲空间局的盖亚探测器（Gaia spacecraft）刚刚公布了它对银河系进行全面探测的数据，建立了一个包含银河系内1%天体的三维地图。你认为会不会有一天，人类可以描绘出一幅包含了整个宇宙的地图？

伯内尔：我想这样一个工程会要求太多的资源，会消耗“天文级别”的资源。目前来看它可能过于宏大了，不大实际。

女科学家为科研带来了多样性

苗千：你为自己探测到的第一个脉冲星信号命名为“小绿人1号”，这只是一个绰号，还是你曾经一度认为当时探测到的信号就是来自某种外星智慧生命?

伯内尔：这只是一个绰号而已，因为这些信号持续重复的时间过长了，不像是智慧生命发出的，所以我从一开始就没有怀疑它是否有可能来自外星智慧生命。

苗千：那么你是否期待人类在某一天能够接收到来自宇宙中其他智慧生命发射的信号呢?

伯内尔：在理论上确实可能接收到，但实际中，这样的信号可能会非常微弱。目前美国有搜寻地外文明计划（SETI）正在进行，所以或许有一天我们就能接收到来自外星智慧生命的信号了。另外一个令人鼓舞的消息是，我们现在发现了很多类地行星，比我们之前设想的要多很多，这也就说明有更大的可能性存在外星智慧生命。当然他们可能距离我们非常遥远，但是仍然有可能进化出某种生命形式。

苗千：如果不去考虑当年你还是一个研究生，或者是一名女性，你认为自己是否应该因为发现脉冲星而获得诺贝尔物理学奖?

伯内尔：直到（我发现脉冲星）那个时候，诺贝尔奖委员会还没有承认过学生的研究成果。在整个诺贝尔奖的评奖历史中，大概只有极少的例外，比如布莱恩·约瑟夫森（Brian Josephson，剑桥大学物理学家，他于22岁还是剑桥大学研究生时在超导领域做出了重大发现，因此在1973年获得了诺贝尔物理学奖），但他得奖的时候已经35岁了，并不是一个学生。

他们（诺贝尔奖委员会）并不愿意把诺贝尔奖颁给年轻人。但是在休伊什和赖尔之后获得诺贝尔物理学奖的两个天文学家——约瑟夫·泰勒（Joseph Taylor）和拉塞尔·赫尔斯（Russell Hulse），在首先发现脉冲双星的时候，赫尔斯还只是一个研究生，但诺贝尔奖委员会在那时（1993年）承认了他俩的工作。当然这是好多年之后了，我想或许在那个时候诺贝尔奖委员会改变了自己的规则。

苗千：你曾经说过："女人对于科学研究所带来的，或者说对于任何领域所带来的，是她们来自（与男性）不同的地方，她们有着不同的背景。"你现在仍然这么想吗？

伯内尔：是的。相对于男性来说，女人具有不同的经验。而对于一个研究组，或者说对于任何组织来说，拥有一群背景不同的人是很重要的。和女性因素一样，在一个组织中有来自其他种族或其他国家的人也是非常重要的，因为在思考问题的时候拥有了更多的角度和更大的灵活性。对于女性研究者来说，最大的优势可能在于她们不是男性。直到现在，英国的科研领域仍然是一个男性所主宰的世界，而这个世界需要女性加入以增加多样性。

苗千：作为英国女性科学家的代表性人物，你是否认为在今天的英国，女性科学家想要取得成功仍然比男性更难？

伯内尔：随着科研状况的改变，情况也有所变化，比如说在英国，学习生命科学的学生大多数是女性，而在工程学和物理学领域仍然是男性更多。关于在科学研究中的性别比例问题，各国的差别很大。比如说在阿根廷，38% 的天文学家是女性；而在英国，这个比例大概只有 13%。对于女性而言，并不是说进行科学研究要比男性难度更大，而是女性更难成为一个科学家，她们会更多地受到各方面的影响。但是一旦成为科学家，女性就可以做出非常好的科研成果。

杰拉德·特·胡夫特

做出科学发现才应该是进行研究的动力

引子

在《黑洞战争》一书中，胡夫特是三个主角之一，另两个是萨斯坎德和霍金。

杰拉德·特·胡夫特（Gerard't Hooft）出生于荷兰的一个学者家庭。他的舅舅在荷兰乌得勒支大学担任物理学教授，这位物理学家也成为特·胡夫特的人生榜样。在舅舅的影响下，特·胡夫特进入乌得勒支大学学习物理学，他在硕士期间就与导师马丁纽斯·韦尔特曼（Martinus Veltman）进行基本粒子物理学的研究，并且发表了一系列重要的研究论文。

特·胡夫特在物理学领域的天才逐渐得到了学术界的认可，他在1981年获得沃尔夫奖，在1986年获得洛伦兹奖章，在1995年获得斯宾诺莎奖和富兰克林奖章。到了1999年，特·胡夫特终于和自己的导师共同获得了物理学领域的最高荣誉——诺贝尔物理学奖。

这位已经70多岁的物理学家如何展望物理学的发展？在获得了诺贝尔奖这样的至高荣誉之后，这20年，他个人的研究和生活都受到了怎样的影响？“你可以选择在荣誉中生活，但是请有尊严地去面对这样的荣誉。”特·胡夫特在接受我的采访时说到他对此的态度。

发现自然力的秘密

苗千：是从什么时候起，又是出于什么原因，你决定当一个物理学家？

特·胡夫特：奇怪的是，关于这方面我自己也记不清了。我只能回忆起，在4岁或5岁的时候，我就开始觉得我周围的一切东西都远远比人更有意思，我想知道它们是怎么运作的，又是出于什么样的原因。比如说，轮子就让我着迷，在有轮子的情况下运输重物，要比没有轮子容易得多。而且轮子都是由人制造出来的，也就是说，最初一定是有人做出了非常了不起的发明。我非常想做出类似的发明，当然在当时我还不知道，还将有像宇宙飞船这样的东西可以把我送上月球。我的家庭里有人是物理学教授，我也想成为他那样的人，去发现自然力量的秘密。

苗千：你在1999年因为“解释了关于电弱相互作用的量子结构”而和你的导师韦尔特曼共同获得了诺贝尔物理学奖。你是否期待人类还能够发现自然界中更多的基本相互作用，甚至是更多的基本粒子？

特·胡夫特：这看上去不大可能了。在今天人们更加关注的是如何理解这些已知相互作用之间的关系，它们之间有什么联系，是否有共同的起源，我们怎样才能够对它们有更深的理解，比如它们之间强弱的对比、对于粒子质量的影响等类似的问题。

苗千：多年来，你一直在研究量子引力理论以及黑洞的性质，目前你的研究兴趣主要在哪些方面？现在量子引力领域已经有了一些理论，比如弦理论、圈量子引力理论以及你自己所研究的**全息原理**。你

> 小知识
>
> **全息原理**
>
> 全息原理（holographic principle）是量子引力理论中的一个概念，其核心就是认为一个体系的信息可以被描述在一个低维的边界上，而不是在这个体系的整个体积中。这一概念最为人所知的应用就是黑洞热力学的全息原理。

认为人类是否能够很快就发现可以囊括所有物理现象的“大统一理论”？

特·胡夫特：我对于量子力学在黑洞上的应用非常感兴趣。黑洞涉及在量子力学中通常不那么活跃的部分。黑洞造成了时空的扭曲，通过这样，它们又产生出了新的宇宙——而这在量子力学中又是不被允许的，所以一定存在着一些（目前我们还不理解的）细节，使黑洞必须遵守量子力学的规则。

我发现很多研究者对于我所发现的问题都没有察觉，比如说因为量子力学的原因，黑洞对于**时空拓扑**的改变，但这一点是非常重要的，时间和空间并不是它们所看上去的样子。我想在这个领域还有很多东西需要被发现。

小知识

时空拓扑

时空拓扑（spacetime topology）是一个涉及广义相对论、量子场论和拓扑学的研究领域，它主要研究时空的基本拓扑结构以及其可能具有的非平凡的拓扑性质。

量子引力的理论会变得可以被验证。很有可能引力作用与其他我们知道如何量子化的相互作用是相互联系的。我想，解决量子引力问题，起码在这个领域做出一些新的发现，会对我们理解其他相互作用有很大帮助。目前，引力之外的其他相互作用都是通过标准模型进行描述的，但是在标准模型里我们有超过 20 个无法计算的常数。量子引力理论可能可以解释这个问题：这些常数是从何而来，我们又该怎样去计算它们？对于这些常数进行的一些预测是可以通过实验来验证的。量子效应在其他一些物理现象中可能也会被观测到，比如说激光干涉引力波天文台（LIGO）观测到黑洞相互碰撞合并所释放的引力波。所谓“大统一理论”是人们的追求，但它很有可能与我们现在所想象的并不一样。

黑洞战争

苗千：尽管量子力学的数学形式已经非常清晰，但是它仍然显得非常神秘。目前关于量子力学有各种各样的“诠释”，例如“哥本哈根诠释”“多重宇宙理论（multiverse theory）”“量子达尔文主义”“量子贝叶斯主义”等。你认为对于量子力学的诠释是一个重要的物理学问题，还是只是一个哲学层面的问题?

小知识

量子达尔文主义

量子达尔文主义（quantum darwinism）是几位物理学家在2003年提出的一个试图将量子力学与进化思想结合起来的理论框架。它尝试解释在微观尺度上，特定的量子态能够“存活”和“繁衍”，而其他态则会“灭绝”。这为我们提供了一个理解量子力学的新视角。

小知识

量子贝叶斯主义

量子贝叶斯主义（quantum bayesianism）是一种对量子力学的解释。它试图以一种主观的方式解释量子态及其演化过程，将其视为贝叶斯概率的更新过程。这种观点有时被描述为对量子态的一种“个人主义”解释。量子贝叶斯主义是对量子力学诸多解释中的一种，也比较富有争议性，但它为我们理解量子力学提供了一种独特的视角。

特·胡夫特：对于量子力学的诠释是一个非常重要的问题，我们不能把它只留给哲学家，因为哲学家可能并没有足够的数学工具去进行研究。“哥本哈根诠释”本身很好，因为它是由物理学家而非哲学家提供的一个很好的框架。但在20世纪上半叶的哥本哈根，这些物理学家有一句话我无法赞同：“关于真实，你不应该去追问什么是真实，因为答案可能没有办法通过实验去验证。”其中有道理的地方在于，关于真实的答案可能确实没有办法通过实验来直接验证，但是实验会带给你一些线索，帮助你构造一个新的量子理论去描述目前人们还无法解释的现象（比如说黑洞）。因此在这方面我不赞同哥本哈根学派。我会去问这些问题。

我对量子力学的理解是：如果我们使用了正确的物理学变量，就不会引起任何干涉效应。产生干涉效应是因为我们使用了与我们这个世界的终极理论并不直接相关的变量——例如原子或是电子的位置和动量等。但那些“真正的”变量是什么，我并不知道。因为我无法解释这些现象，也就让我非常难以解释我的理论，但我相信我对于量子力学的想法基本上是正确的。

苗千：在莱纳德·萨斯坎德（Leonard Susskind）的《黑洞战争》（*The Black Hole Wars*）一书中，你是其中的三个主角之一。萨斯坎德、霍金和你，三个人关于黑洞信息悖论进行了很多的争论。那么你是否同意萨斯坎德在书中所做的结论？关于黑洞信息悖论，你又有了什么新的思考？

小知识
黑洞信息悖论

黑洞信息悖论指的是关于物质落入黑洞以及随后在黑洞辐射过程中信息处理的一个有争议的理论问题。它实际上反映了广义相对论和量子力学之间的矛盾。

特·胡夫特：我并没有看那本书，我不喜欢看任何写到我的书。我通常会部分地同意莱尼（萨斯坎德），而并不会完全同意他的观点。在关于黑洞信息悖论方面的争论，我和他站在了同一条战线，与霍金争论。但是现在莱尼走在了一个我并不赞同的方向上，他对于弦理论过于热衷了。现在他关于黑洞信息的言论我并不同意。

实际上，对于人们所说的关于黑洞的“信息悖论”，我有自己的看法。这个信息悖论很容易解决，但是你需要理解引力对于“进”和“出”黑洞的粒子有什么样的影响，这对于时空拓扑又有什么样的影响，我们又怎样才能进行精确的计算。有人认为弦理论可以提供所有的答案，但实际上弦理论只会带来混淆。我们并不需要弦理论来解释这个悖论，人们需要的是进行非常细致、谨慎的物理学分析。

苗千：关于中国是否应该建造更大的粒子对撞机以寻找新的粒子，在中国社会产生了激烈的讨论。你是否认为中国应该建造一个比大型强子对撞机（LHC）更大的粒子对撞机？这样的设备对于高能物理学的发展和量子引力研究会有怎样的影响？

特·胡夫特：我当然希望中国能够建造这样的一个超级对撞机。但是另一方面，如果由我来决定中国是否建造这样的机器，我又会有很多疑虑。因为存在很大的可能，就是新的粒子对撞机并不能做出重要发现，从这一点上来说，建造超级对撞机的资金完全可以被用在其他一些更有希望的研究项目上。我希望有一个超级对撞机可以为这个问题给出答案：到底还有没有新粒子？一个否定的答案可能和一个肯定的答案同样有价值。但我也不想因此就让中国人去做一个非常不确定的探险。

有些科学家对于诺贝尔奖过于执迷了

苗千：你是否认为获得诺贝尔奖对一位科学家来说是最高的荣誉和认可？

特·胡夫特：有点奇怪的是，看起来确实是这样的。（在我获得诺贝尔奖之后）从公众，包括我的朋友和同事们的反应来看，好像真的是这样的。

苗千：有很多科学家进行研究工作，实际上是被一种想要赢得诺贝尔奖的雄心壮志所驱动，你认为对于科学研究来说，这是否算是一种合理的、积极的态度？

特·胡夫特：并不是。每一年都有一些科学家对于诺贝尔奖过于执迷。有一些科学家认为他们应该获得诺贝尔奖，但是实际上并没有，这种情况就会让他们非常易怒，并且成为非常差的人。他们应该明白，每一年在诺贝尔奖委员会进行选择和决定的时候，都会有很多偶然的影响因素，而且没有任何人应当声称自己有"资格"，"理应"获得诺贝尔奖。对于研究者来说，诺贝尔奖本来应该是一个激励和灵感的来源，鼓励人们做出更好的研究工作。这个奖项把科学研究与瑞典王室联系在一起，如果能够让研究者们受到鼓舞，会是一件非常好的事情，但是研究者不应该为此执迷。大多数科学家进行科学研究的原因都是想要做出无论大小的发现，这才应该是激励所有科学家进行研究的动力所在。

苗千：获得诺贝尔奖让你成为一个世界名人，这对你的个人生活和研究工作有什么影响？比如让你的研究更容易获得更多的资源，或是分散了你的精力，还是两者都有？

特·胡夫特：毫无疑问，获得诺贝尔奖确实对一个人的生活有很大影响。我收到了太多太多进行演讲的邀请，我根本不可能做得到。

我的研究工作并不需要投入很多资金，但是我估计，假如需要的话，（相比于其他人，作为一个诺贝尔奖得主）我应该可以更容易获得更多的资金支持。这意味着如果我成了一个实验室的主任，我将成为一个职业的资金申请人，而这并不是我想做的。我希望能够自己做科学研究，因为我不可能告诉任何人如何去进行我的研究。在这方面，也可能我是一个例外吧。

苗千：你对于今年新的诺贝尔奖得主有什么建议？

特·胡夫特：尽情享受。你可以选择在荣誉中生活，但是请有尊严地去面对这样的荣誉。

戴维・格罗斯

我们无法和自然界辩论

戴维・格罗斯

DAVID GROSS

2004 年诺贝尔物理学奖得主

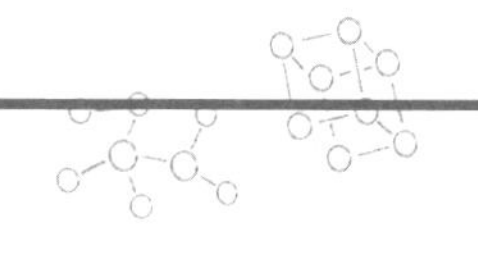

采访手记

回想起来，诺贝尔奖得主戴维·格罗斯（David Gross）教授是唯一一位曾经两次接受我采访的科学家。

回想2019年春天的那次美国之行，我向格罗斯教授发出采访邀请，他答应接受采访。于是我从芝加哥飞赴加州圣地亚哥，然后赶到了位于加州大学圣芭芭拉分校的卡维利理论物理研究所（Kavli Institute for Theoretical Physics）——格罗斯教授多年来一直担任这家研究所的所长。

第一次到加州，我被加州大学的美景震撼了。与我所熟悉的欧洲大学里古色古香的建筑不同，加州大学圣芭芭拉分校就建在海边。远处碧海连天，走在白沙滩上，旁边就是大名鼎鼎的卡维利理论物理研究所。

当时78岁的格罗斯教授在他的办公室里和我见面。与这样一位知名科学家聊天，我不由得有些紧张。但格罗斯教授有着鲜明的美国人的开朗性格，这让我很快放松下来。我们从他的年轻时代、求学和进行研究的经历开始谈起，一直聊到他目前正在进行的弦理论研究。格罗斯教授不仅是一个诺贝尔奖得主，也是一个在危难时刻把量子场论从绝境中挽救回来的传奇人物。

这次对格罗斯教授的专访随后发表出来。两年之后，《三联生活周刊》准备做一期关于杨振宁先生的封面报道。我负责科学家访谈任务，于是我又想到了曾经和杨振宁在学术上有过密切联系的格罗斯教授。因为疫情，我没法赶去美国，于是我们通过网络视频通话完成了又一次采访。已经80岁的格罗斯教授依然热情、开朗、健谈。

引子

> 小知识
> ### 量子色动力学
>
> 量子色动力学（quantum chromodynamics，简称 QCD）是描述夸克和胶子间强相互作用的理论，是人类理解原子核内部结构的基础。量子色动力学属于标准模型（standard model）的一部分。标准模型是现代粒子物理学中描述所有已知基本粒子和它们的相互作用的理论框架。

戴维·格罗斯自幼跟随父亲从美国搬到以色列生活。从希伯来大学物理系毕业之后，他返回美国进入加州大学伯克利分校进行博士研究。在高能物理学领域新发现层出不穷的 20 世纪 60 年代，20 多岁的格罗斯幸运地身处理论物理学研究的中心，试图在纷繁复杂的新粒子和新发现之中找到一个可以描述原子核内部运动规则的理论。

当时太多的新发现让很多物理学家感到无所适从，不知道该在哪些实验数据中寻找突破口。也正是因为数据过于庞杂，很多物理学家失去了信心，认为人们难以在亚原子领域发现可靠的理论，进而对理论物理学的基本框架——量子场论产生了怀疑。此时，格罗斯凭借着物理学家敏锐的直觉，在纷繁复杂的实验中分辨出最重要的线索，终于做出了开创性的发现。

格罗斯的发现被称作“渐进自由”（asymptotic freedom），用以描述自然界中的基本力之一——原子核内的强相互作用。格罗斯发现，质子和中子等粒子由夸克构成，而夸克之间通过强相互作用结合得非常紧密，无法被分离成单个粒子。夸克之间的相互作用类似于拉扯一个橡皮筋：距离越靠近，强相互作用力就变得越微弱——当夸克之间的距离非常近时，强相互作用力也就会变得极其微弱，在这种状态下夸克表现得就如同自由粒子一样。这正是“渐进自由”一词的由来。

“渐进自由”的发现完善了量子色动力学，使人类可以描述粒子在原子核内的运动规律，也促成了标准模型的最终完成。标准模型是人类迄今为止发现的最准确、最完整的描述宇宙构成和运动规律的理论模型。在人类完成标准模型的过程中，格罗斯的贡献不可谓不大。很多物理学家认为他在最关键的时刻拯救了量子场论，让人们对这个基本的理论框架仍保持信心。2004 年，格罗斯和他的学生弗兰克·维尔切克（Frank Wilczek）还有休·波利策（Hugh Politzer）一同获得了诺贝尔物理学奖。

格罗斯也是弦理论的开创者之一。多年来他一直试图通过弦理论建立一个包含引力在内的“大统一理论”，不过他对弦理论的看法也在随着时间逐渐改变。

格罗斯堪称一位良师，同时也是一个优秀的管理者。他的学生中除了有诺贝尔奖得主，还有一位弦理论和量子场论的顶尖专家、菲尔茨奖得主爱德华·威腾（Edward Witten）。格罗斯也曾担任卡维利理论物理研究所所长。

几十年的时间里，物理学已经发生了怎样的变化，前景如何，物理学研究又面临着哪些考验？面对这些问题，格罗斯在加州大学圣芭芭拉分校卡维利理论物理研究所的办公室里接受了我的采访。

标准模型是一个非常准确的理论

苗千：你发现的“渐进自由”促进了量子色动力学和标准模型的最终完成。在标准模型完成之后，你认为物理学研究最大的突破是什么？你最期待接下来在哪个领域能够取得突破？

格罗斯：在标准模型完成之后，物理学在很多方面都取得了突破，当然还没有和标准模型同一等级的突破——因为标准模型已经被很多实验严格证明了。现在有很多理论预测，我想有些预测是走在了正确的方向上，但我们尚且无法通过实验来证实。标准模型是一个非常准确的理论，你可以通过它做出非常精确的预测。

正是因为标准模型已经非常准确和完备，也就说明你需要在理论方面做出非常准确的预测才能超越标准模型。目前看来，一些理论预测相比于标准模型来说，误差还是太大了。有很多人专注于发展一些理论模型，其中最重要的就是把引力纳入整个理论框架中来，发展出相对论性的量子力学。在这个领域，有可能出现很多的理论性突破，但它们目前都只和实验数据有非直接的联系。目前对于理论学家们来说是一段艰难的时期，因为我们没有太多的线索，也没法从实验结果中做出太好的判断。

尽管物理学的其他领域也取得了很多突破，但是从基础物理学领域来说，人们目前所取得的突破都是推测性的——虽然我认为这些推测都走在了正确的方向上，但是在物理学中最终还需要通过实验来证实。比如说弦理论就已经加深了我们对于引力和时空本质的理解。

我希望物理学下一个大的进展是来自实验的突破，能够验证我们做出的某些预测，告诉我们关于暗物质的性质——暗物质不在标准模型的描述之内，关于它的性质人们有很多推测，但是目前我们都还不确定。

苗千：在 20 世纪 60 年代，你还是加州大学伯克利分校的研究生，当时不断有大量的新数据和新粒子被发现。而现在的情况似乎完全相反，我们有太多的理论，但是自从希格斯玻色子之后，就再没发现任何新粒子。物理学家该怎么应对当今的局面？你认为这样的形势还会持续很久吗？

格罗斯：只能尽力而为，因为你别无选择。我在伯克利做研究生时，人们发现了很多不同种类的新粒子，夸克和强子都是非常重要的发现——那真是一段令人激动的时光。但是除了其中一些非常明显的对称性和模式，我们当时完全不了解其中的复杂性。

现在的情形似乎与当时完全相反，新的发现相对来说很少，但是理论学家们没得选择，因为这就是大自然。你必须让自己的研究方式适应时代。在那个时代，很多人抛出各种各样的想法来适应各种各样的实验数据，但是这样做并不成功——当实验数据太多的时候，就不知道该怎么做，也不知道哪个发现才是真正重要的，哪个发现其实无足轻重。一个人可能会把注意力放在不重要的细节上，而不是真正重要的发现上。

我取得成功的一部分原因，正是我把注意力集中在了最重要的实验上，也就是发现了深度非弹性散射实验中的点状结构，当时大多数人都没有注意到这一点。这个发现令人激动，但这和当时的模型以及人们的解释并不相容，实际上这是核力的一个很重要的特性，最终导向了量子色动力学。当我们最终发现了量子色动力学，一切就变得非常清晰了：关于各种亚原子粒子、原子核，它们之间的相互作用，都可以用同一套理论来解释了。在将近 40 年之后，我们对于很多细节理解得更具体了。

现在我们可能取得突破的线索很少，但是有些线索非常重要，有些来自理论，有些来自可观测的实验。但是还有一个基础性的问题，这也是自然界的一个特点——我把它叫作“指数的诅咒”（Curse of Logrithms）。也就是说，现在我们在研究越来越短的作用距离时，频率和能量都变得越来越高。在这个领域，自然界的规则发生了改变，人类探索越来越短的作用距离的花费则越来越高（呈指数级增长），物理学的变化与探索所需花费的代价不相匹配。

我们知道在短距离内的一些相互作用一定会发生变化，但是这远远超出了我们的观测范畴。在过去的 100 年里，可以说物理学家是幸运的。当他们开始理解量子力学、原子的结构和电动力学时，他们就能够理解所有的原子和分子物理。但是从这里继续出发，想要理解原子核内部的作用力，相互作用的距离就只是之前的百万分之一。在这个尺度上有很多细节、很多粒子，有强相互作用、弱相互作用等。在这个领域进展更慢了，也更难了。

这就是生活，我们没有选择，只能试着改变策略，更努力，尽量聪明一点，保持思路开阔。现在我们刚开始探索支配希格斯玻色子的弱相互作用，不知道这个阶段会持续多久。基础物理学研究本身就是一种探索，我们什么都无法确定，历史也总是充满了惊奇。大型强子对撞机在发现了希格斯玻色子之后一直都令人失望，因为没有发现更多的新粒子——我们无法和自然界辩论。

苗千：你的发现描述了夸克的运动规律。你是否认为夸克是构成物质最基本的粒子？或者还有更加基本的粒子构成夸克？

格罗斯：看上去并没有更基本的粒子了，当然这样的想法无法解决任何实际问题。在弦理论中，粒子只是一种近似，所谓粒子都是一些极小的弦——这是一种完全不同的内部结构。比如说，原子核中的质子由三个被量子色动力学所支配的相互作用的夸克组成，而在弦理论中，所有的粒子都由被激发的弦构成，这就有了更丰富的结构，也有了更多的状态——我想这更可能是微观粒子的构成方式。从实验和理论层面，都没有证据显示在夸克或电子中还包含着更基础的粒子。

物理学没有危机

苗千：目前物理学是否处于危机之中？在暗物质研究、暴胀理论、超对称理论、弦理论等很多领域，多年来都没有进展。10年前的物理学家是否要比现在更乐观一些？

格罗斯：物理学完全没有危机，我们取得了极大的成功。可能有人会认为，物理学的问题就在于我们太过于成功了。物理学家们在众多开放性的问题和新现象的研究中非常活跃。目前我们已经拥有的描述亚原子核领域的理论也是非常成功的，这怎么能说是危机呢？人们使用“危机”这个词，是因为我们对某个问题一无所知，或者我们已经理解了一切，还想了解更多，比如暗物质。目前人们对暗物质还一无所知，但这不是一个危机，这是一个机遇。

非常奇怪的是，一旦我们遇到了什么问题，人们就喜欢用“危机”这个词。实际上自然界中有的问题容易理解，有的问题难以理解。很多问题非常复杂，需要很长时间去理解。比如说人们花了 100 年的时间才观测到引力波，但这并不是一个危机，而是机会，现在引力波已经成了人们观测宇宙的新工具。在前些天（指 2019 年 4 月），人们终于直接“看到”了黑洞，之前又有谁能想象到我们能做到这一点？所以说，物理学不断有新的问题涌现出来，但是没有危机。

人们总是会在乐观和悲观之间摇摆。当某个想法被证明是错的，人们就悲观一些；当某个想法被验证了，人们又会变得乐观。任何极端化的情绪一般来说都是错误的，悲观主义者通常是错误的，因为他们无法想象还有更新的想法、更新的实验；乐观主义者通常也是错误的，他们希望通过一次观测就能理解一切。物理学家们非常容易陷入一种极端化的态度中。即使是同一群人，也可能随时在乐观主义和悲观主义之间转换。大多数物理学家是乐观主义者，因为如果你太过悲观的话，就会离开物理学研究了。

科学研究是很困难的，人们需要乐观主义精神来解开自然界的谜题。让我们回顾过去，看看我们已经理解了多少——在过去的 100 年里，我们通过量子力学理解了原子、亚原子、核力等很多方面。在 100 年前，我们对宇宙一无所知，我们不知道宇宙的历史，不知道星星为什么闪亮。现在我们几乎已经描绘出了宇宙 137 亿年的整个历史。这些都是在 100 年里发生的，我们怎么可能感到悲观呢？

苗千：人们乐于谈论物理学的“革命”。你也说过，物理学需要一场革命。你如何定义物理学的革命？人们又该怎样发起一场物理学革命？

格罗斯：这不是一个非常精确的词。所谓“革命”，通常是指我们一些最基础的假设被改变了。比如说量子力学从很多层面来说都是物理学最大的革命。在 20 世纪里，标准模型相比之下就不算太具有革命性，因为它是建立在量子力学和相对论的基础之上的。目前我们开始对一些问题有了更好的理解，这些问题和引力有关。引力是一种宇宙中普遍存在的奇怪的力，而量子引力理论会把引力和其他相互作用统一起来。很多人认为，想要做到这一点，就必须对我们之前一些最基本的想法和概念，比如空间和时间，做彻底的改变。

大多数的物理学革命都是由实验观测引起的。但是也有可能从理论层面展开，比如说爱因斯坦的引力理论就是首先从理论层面开始的。爱因斯坦把相对论应用到了引力中，让引力和时空的概念都发生了革命性的转变。现在我们正处于一个类似的境地，对于基础概念的理解需要从理论层面进行革命，而非实验。在过去的 20 年里，我们已经取得了一些非常重要的实验结果，但是这些结果都不是类似于量子力学那样的革命性结果。

一个人很难发动一场物理学革命，因为我们已经理解得非常多、非常详细，想要做任何一丁点的变动都必须与我们已经理解的一切相符合，这是非常困难的。在过去的 50 年里，弦理论产出了很多的结果。但是它能够向前走多远，能够给哪些问题带来答案，目前还不清楚。我之所以如此乐观，是因为我回顾了历史，我看到这么多悲观的人，却一次又一次地面对挑战，取得了非常了不起的成果。我有乐观的态度，但这不代表我知道一切，我有的只是信念。

苗千：在某种层面上，你所发现的“渐进自由”拯救了量子场论，最终引导人们完成了标准模型。如今的弦理论研究是否也需要被拯救？

格罗斯：在量子场论真正“复活”之前，人们对它有深深的怀疑，认为它有很大的缺陷。因为当时研究的相互作用都发生在非常短的距离内，人们认为量子场论在这个领域会发散。随后量子色动力学给了我们关于核力的描述，也给了我们一个解决问题的例子，说明量子场论是一个在所有的能量范围内都自洽的理论。这给了人们对于量子场论非常大的信心。从数学的观点来看，这是一个艰难的问题，数学家们需要非常努力地证明它在数学上是行得通的；但是从物理学的角度来看，非常明显，量子场论是正确的。

另一方面，弦理论并不算是一个真正的理论。即使是从物理学的角度来看，它也不是很精确，更像是进行计算的一系列规则。所以我说它还不是一个理论，也是它的一个问题。弦理论有非常好的想法，为很多方面建立了联系，但是它还有很长的路要走。在过去25年里，我们做出的最棒的发现，就是量子场论和弦理论并没有本质上的区别，它们只是描述同一现象的不同方式而已，而且超对称版本的标准模型同样也可以通过弦理论来描述。因此人们对于弦理论的看法完全改变了。这是一种非常重要的洞察，也让人们对于量子场论和量子引力的理解加深了。人们描述自然界的框架扩展了。我们只是还不知道会走向哪里。

苗千：“渐进自由”理论描述夸克之间的相互作用类似于橡皮筋。有没有可能把这样的思路应用到引力研究中，解决暗能量之谜？

格罗斯：我并不认为暗能量是一个谜题，它更像广义相对论做出的一个预测。爱因斯坦希望建立一个相对论性的时空理论，用以描述动态的时空，能量和质量就是宇宙中曲率的来源。爱因斯坦也知道，在他的公式里还可以有其他项，其中不仅描述宇宙的曲率，还可以描述宇宙的大小。

> 小知识
> 宇宙的曲率
>
> 在数学上，曲率（curvature）用来描述一个几何体的弯曲程度。所谓宇宙的曲率，就是描述宇宙时空的几何结构。物质和能量会使其周围的时空发生弯曲，物体会沿着弯曲的时空移动，也就是所谓引力。根据人类目前的探测结果，我们的宇宙时空非常平坦，曲率接近于0。

在他的公式里，他加入了一项，在真空中的能量-动量产生的压力，也就是宇宙常数。这肯定会有一种非常特殊的形式，因为在广义相对论中，没有处于特殊位置的观测者，但是能量的大小取决于观测者。只有一种形式，在宇宙中看上去对所有的观测者都是一样的，这就是爱因斯坦理论中的真空能。这种能量密度可以是正数或者负数，其产生的压力在各个方向上都是相同的，与能量的符号相反。正能量产生出负压力，负压力造成了（加速）膨胀，从而被我们观测到。这是爱因斯坦一个非常了不起的预测，这就是暗能量。

这是一个理论预测，真正令人奇怪的是它的大小。暗能量在宇宙中非常小。我们需要理解这个理论问题。人们对于暗能量产生的压力有些误解，有些人把它称作“谜题”，因为人们喜欢谜题，这样说也更容易申请经费。实际上，不能说暗能量本身是谜题，暗能量的大小才是真正的谜题，或者如果观测结果和广义相对论的预测不符合才是谜题。

科学前沿是一种迷惑的状态

苗千：你说科学的最前沿就是一种迷惑的状态，那么你现在对科学最大的迷惑是什么？

格罗斯：时空究竟是什么？宇宙从何而起？为什么从很多可能的理论中，宇宙选择了现有的这套理论？这是我目前最大的三个问题。

苗千：你曾经说意识（consciousness）和自由意志（free will）可能都只是一种幻觉，你现在仍然这样认为吗？

格罗斯：意识是非常难以定义的。目前人们没法对意识的本质达成共识，人们也不知道机器或人类是否具有意识。我们都在感受意识，但是很多神经科学家认为意识只是一种幻觉。自由意志也类似。当我们思考的时候，我们自认为处于支配地位，以为在头脑中有想法在做决定，这可能也是一种幻觉而已。我们对于无意识的理解也很少。我们究竟是谁？意识和无意识之间的界限在哪里？决定是如何做出的？思考是如何做出的？这都还不清楚。

和物理学的很多问题一样，因为我们对意识理解得太少，我们甚至无法构建出一个明确的问题。大多数物理学家都不相信自由意志，因为在我们的公式里并没有自由意志的位置。因此我们可以得出结论，并不存在自由意志。所以说需要理解的是，为什么我们自认为具有自由意志？实际上我们是在为自己构建出一个故事：事物如何产生，让自己感觉不错，让我们相信存在自由意志。如果要猜的话，我认为不存在所谓“自由意志变量”。

当物理学家们开始研究宇宙起源的时候，人们必须构建出全新的、从未被问到过的问题，这是一件非常困难的事情，因为人们不知道答案会是什么样子的。即使我们得到了答案，也需要很长的时间才能真正理解。我们问关于意识和自由意志的问题也是这样，我们想对这个问题有完全清晰的理解，需要非常长的时间，无法通过一个简单的数学模型来解答。但是我们现在对大脑有非常细致的研究，也有了非常好的仪器，我们终究会理解的。这可能和很多科学问题一样，我们需要从解答关于大脑更简单的问题开始。

苗千：产生出爱因斯坦那样孤独的科学英雄的时代是否已经结束了？

格罗斯：霍金就是一个很好的（科学英雄）例子——一个物理学家成为一个名人，一个科学英雄。通常科学英雄并不完全与科学有关，其中也会有历史的原因。爱因斯坦是一个大科学家，但是他的名誉也来自其他因素，比如说政治原因、德裔犹太人身份、20世纪中期的特殊时期等。霍金是一个了不起的物理学家，也是一个科学英雄的绝佳例子：一个人尽管身有残疾，依然能够凭借自己的意志力取得这么大的成就。作为一个人，他是一个英雄式的人物。总会有科学英雄出现，但不会是单单因为科学成就，总会有其他因素。

杨振宁是一位非常有勇气的物理学家

引子

戴维·格罗斯曾经长期担任加州大学圣芭芭拉分校卡维利理论物理研究所所长一职，并且在 2011 年当选中国科学院外籍院士。关于杨振宁对基础物理学的贡献以及他作为物理学家的特点，格罗斯接受了我的专访。

杨振宁的贡献

苗千：简单来说，你如何评价杨振宁对 20 世纪理论物理学的贡献?

格罗斯：杨振宁是 20 世纪理论物理学界的一个重要人物，在理论物理学的几个重要领域中，例如量子场论、基本粒子学、统计力学等方面都有重要贡献。当然了，在 20 世纪 50 年代，他还和李政道一起解决了一个重要问题，这个问题现在被称为“弱相互作用宇称不守恒”（parity non-conservation in weak interactions），这也开启了随后一系列的发现，让人们认识到自然界真正的对称结构。

对于他来说，最重要的学术贡献应该就是杨－米尔斯理论（Yang-Mills theory），这是一种非阿贝尔群规范场论（non-Abelian gauge theory）。这个理论成为人们描述自然界基本相互作用的一个基础，包括强相互作用和弱相互作用，也是把麦克斯韦的电磁场理论做了进一步的延伸。他在统计力学领域也做出了很重要的贡献，可以说他的贡献都是非常重要、无可挑剔的。

苗千：你如何评价作为同事或朋友的杨振宁？

格罗斯：杨振宁和我并不是同一代人。对我来说，他是一个杰出的物理学家。我并不算是杨振宁的朋友，更像是他的学生。作为一个科学家来说，我非常尊重他，不仅因为杨－米尔斯理论，也因为他在其他领域的贡献。

杨振宁在普林斯顿生活过很多年，我也在普林斯顿工作将近30年，但是我们在时间上并没有重合，他在我去普林斯顿之前就离开了。他仍然经常回到普林斯顿访问。我有很多年纪大一些的同事都是他的好朋友，那段时间我也经常见到杨振宁。

我在发展标准模型中描述强相互作用，就建立在杨－米尔斯理论的基础之上。当我告诉杨振宁这个想法（通过杨－米尔斯理论描述强相互作用）时还很紧张，但他听到之后表现得很有兴趣，虽然在当时他并没有对粒子物理学投入太多的精力。他总是非常有礼貌，并且愿意鼓励别人。

在我获得了诺贝尔物理学奖之后，杨振宁给我发了一封非常友善的信，祝贺我获奖。我回信，问他有没有想过在20世纪50年代发展出的这套理论能够对基础物理学有这么深远的影响，他并没有回信，我猜他确实对此感到很惊讶。

苗千：杨振宁在一开始也没有想到这个理论会有如此广泛的应用吗？

格罗斯：要知道，杨－米尔斯理论在一开始看起来是有些问题的。有一个著名的故事，就是说杨振宁和米尔斯在刚刚完成了杨－米尔斯理论的论文之后，在普林斯顿高等教育研究院做了一次报告，讲述他们对麦克斯韦理论的一般化，而泡利就在听众之中。泡利显然也曾经对这个问题有过深入的思考，但他意识到了其中有很严重的问题。比如说在麦克斯韦的电磁理论中，电磁波是以光速运动的——实际上这就是光。而作为麦克斯韦理论延伸的杨－米尔斯理论也会有类似的问题，也就是说在这个理论中会存在着类似于光子的无质量粒子以光速运动的现象。这种现象会和光非常类似，但是从来没有人发现过这种现象。

小知识

泡利

沃尔夫冈·泡利（Wolfgang Pauli）是奥地利著名理论物理学家，量子力学研究的先驱者之一。他在1945年因为发现“泡利不相容原理”而获得诺贝尔物理学奖，在学术界以善于发现问题、提出尖锐批评而著称。

所以对于泡利来说，对麦克斯韦理论的非阿贝尔群延伸会导致出现一种从来没有人见过的粒子。这在泡利看来，显然不是一个好想法，所以他对杨振宁的报告表示了反对：虽然这样的想法很好，可是那些无质量的粒子在哪里呢？而杨振宁则回应道：看起来我必须先忽略这个问题了。

在科学中，拥有这份勇气是非常重要的。如果你有一个非常好的想法，但是看起来还有很多问题阻碍着你，那你就需要继续前进，并且坚信这些问题都会有一个完美的解决方法。

实际上人们花费了很长时间才找到了这个解决方法。一方面是所谓“希格斯机制”（Higgs mechanism）——寻找希格斯玻色子在几年前是一项非常重要的工作——这是杨－米尔斯理论可以解释弱相互作用的关键；而对于强相互作用来说，问题的解答就更加复杂有趣了，这并不只是依赖杨－米尔斯理论的对称性的破坏，而是因为胶子的振荡所引发的现象，其中涉及无质量粒子的运动被限制在原子核之中。其中的动力学要复杂得多，人们至今仍然没有完全精确地理解，但是这已经构成了量子力学中很重要的一方面。

人们花了大概 20 年的时间，才从杨－米尔斯理论发展到量子色动力学，也花了大约同样的时间发展了希格斯机制。所以说在一开始，杨－米尔斯理论虽然作为一个经典理论（classical theory）充满了诱惑力，但是作为一个量子理论（quantum theory）却显得非常难以理解。当时想把这个理论运用到真实世界中的尝试大都失败了。而我认为杨振宁自己并没有做太多的尝试，在很长时间里，他可能都没有想到这个理论在物理学中会有这么广泛的应用。

在标准模型里描述了三种基本相互作用，包括电磁相互作用、弱相互作用和强相互作用，它们都可以用杨－米尔斯理论来描述，但是它们彼此的对称性又不相同。麦克斯韦的理论是最简单的，它是一个经典理论，并不需要量子理论；弱相互作用展示了对称性的自发破坏，这是人们从 20 世纪 50 年代就开始研究的现象；强相互作用就奇特多了，比如相互作用随着距离的增大而增大，还有被限制在原子核内部的波，等等，具有不同色荷的夸克和胶子在极短的时间内相互作用。

所以说，在科学中充满勇气地去追求，去发表自己的想法，即使这种想法会引起质疑，也是非常重要的。泡利自己也有机会写下这些公式（杨－米尔斯理论公式），但是杨振宁则有这样的勇气去发表。他认为这个理论非常优美，因此人们应该去进一步理解，说不定在前面会有解释。

学习如何做研究，对一切都充满质疑

苗千：杨振宁在中国接受了大部分的教育，他在西南联合大学获得了硕士学位之后才来到芝加哥大学进行博士研究。你也是在以色列接受教育，一直到大学毕业才到美国进行博士研究。在美国之外接受教育的物理学家与美国本土物理学家有没有什么差异？

格罗斯：我并不认为（在哪里接受教育）有太大的关系，尤其是对于相对低层次的教育来说。相比之下，研究生院对人的影响更大。我非常幸运，在 20 世纪 60 年代进入了加州大学伯克利分校的研究生院。在当时伯克利是世界粒子研究的中心，那里有世界上最大的粒子加速器。同样，杨振宁也非常幸运能够在 20 世纪 40 年代进入芝加哥大学进行博士研究，因为那里是第二次世界大战之后世界物理学的研究中心。当时恩里科·费米就在那里，还有一大群杰出的物理学家。

一个人是在研究生院里才真正成长为一个科学家的。在芝加哥，杨振宁可以和世界一流的科学家交流，他还有非常优秀的同学，这些都是非常重要的。要知道，对于一个科学家来说，最重要的是学习如何做研究。但是没有人可以教你，也没有书本写着该如何做研究，怎么进行创造性思考。只有一种方法，就是看其他人是如何做的，你的榜样们是怎么做的，他们如何与别人进行互动。从这方面来说，你只能从身边的熟人那里学习，就像一个人想要成为一个好木匠，他必须先跟随一个好木匠进行学习，想要成为一个有创造力的科学家，就要跟随一个好科学家进行学习。

学术界就像家庭一样。从学术的角度来说，费米算是杨振宁的父亲，也算是我的祖父了。我的导师杰弗里·丘也是费米的学生，费米是一个非常好的老师。其他知识你都可以在书本和论文里学到，在大科学家的身边学习则是唯一一种学到书本上没有的知识的方法。

苗千：杨振宁和李政道是一对完美的学术搭档，他们共同发现了弱相互作用的宇称不守恒，共同获得了诺贝尔奖。但令人伤心的是，他们在获得诺贝尔奖之后不久就决裂了。像他们这样在智力水平上非常接近，共同进行科学研究的学术搭档是不是非常罕见？是不是因为天才们过于骄傲，所以合作也就无法长久？

格罗斯：我只能说，真正罕见的是像杨振宁和李政道这样的学术搭档发生如此激烈、愤怒、苦涩的争吵。他们两个人我都认识，可能和李政道更熟悉一些。当年他们两个是非常杰出的科学家，可以说两人具有很强的互补性，他们共同合作真的是非常出色，所以后来他们出现了一直持续到现在的激烈争吵和决裂也就显得更有悲剧性了。他们两人在一起的时候做出了了不起的成就，而且两个人各有不同的技巧。（两人决裂）真的是非常不幸，而且非常少见。我并不理解，只是感到很难过。

苗千：杨振宁在普林斯顿高等研究院时的邻居弗里曼·戴森（Freeman Dyson）评价他是一个“保守的革命者”。作为一个科学家该如何理解这个评价呢？

格罗斯：就像我说的，杨－米尔斯理论在一开始只是对麦克斯韦理论的延伸，它基于数学上群论的对称性（从阿贝尔群的对称性到非阿贝尔群的对称性），以探讨自然界的某种不变性。从某种意义上讲，这个做法是自然而然的，所以可以说是“保守的”。但是随后，人们发现了在这个理论中蕴含着非常有趣的动力学理论，我想这正是戴森所说的“保守的革命者”的意思。

从另一个角度来说，还涉及杨振宁的其他贡献。比如当时很多人认为弱相互作用中的宇称守恒是毫无疑问的，就像是一个人和他在镜子里的形象，能有什么区别呢？但是杨振宁和李政道就做了科学家应该做的事情——对一切都充满质疑。他们最终发现在弱相互作用中宇称是不守恒的，而且这可以通过实验进行验证，这个成就可以说是革命性的。另外，杨振宁在统计力学领域的研究非常广泛、非常深刻，也非常重要，这些成果也都是革命性的。

要勇于表达

苗千：在一次讲座中，你曾经提到你在普林斯顿的一位导师说过，数学是一种非常有趣的智力锻炼，但是它不应该阻碍人们理解真正的物理过程。你认为这是不是杨振宁与其他很多物理学家的根本性区别？看上去，在研究中他更愿意跟随自己作为一个数学家的直觉。

格罗斯：数学对于物理学研究是非常重要的。但我要说的是，数学家在研究中非常小心，他们对于成立还是不成立，什么已经被证明，什么还没有被证明，什么是定理，什么是猜想，都有着非常严格的标准。相比之下，物理学家会显得更加大胆一些，他们有时会忽略一些数学形式。我认为这对于物理学家来说是一个非常重要的素质，因为如果你处处都坚持数学的严格标准，就没法走得太远，比如说一些建立在杨－米尔斯理论基础上的量子场论理论在数学上并不严格。

作为物理学家，我们并不像数学家那样严格，因为我们还有实验。我们的理论已经在非常高的精度上被实验证明了几千次，我们相信大自然是最终的决定者，而不是数学。如果自然证明什么是对的，我们就会相信，我们也相信这些理论最终都会得到数学的证明。所以说物理学家的勇气和信心是非常重要的，即便可能有数学上的困难，也要勇于表达，要有勇气在直觉的引导下，写出在数学上并不严格的公式，当然这最终会被实验所裁决。

我们很幸运有实验物理学家和大自然为我们裁决，因为在一开始就得出严格的数学形式是非常困难的。要知道，杨振宁在统计力学方面有很多成就，其中一部分是热动力学的重要基础，也有一些地方至今都没有被数学证明。但是我们相信这些部分都是正确的，因为这已经被实验证实了。要知道，理论物理学家必须是一个不错的数学家，杨振宁就是一个好例子。杨振宁的数学非常好，但他并不是一个数学家，而是一个物理学家。

苗千：杨振宁曾经说过，如果他在 20 世纪 50 年代回到中国，可能就不会发现宇称不守恒，因为在当时他得不到最新的学术资料，但是他可能会深入思考更加基本的问题，反而可能更早提出杨－米尔斯理论。

格罗斯：杨－米尔斯理论可能在 20 世纪的任何时间被发现，因为这个理论是在经典理论层面的拓展，而非量子理论层面。但（当时在物理学领域）并没有太强的动机去做这样的拓展，直到 20 世纪 50 年代，人们才开始对弱相互作用的特点有所了解。当时费米发展的有效场论理论（effective field theory）非常成功，在描述弱相互作用时也很有效。这个理论并没有引入新的量子场，而只是描述“电流”之间的直接相互作用。在费米的理论中有带有“电荷”的“电流”，而杨－米尔斯理论引入了量子场，这种描述并不是很直接。但从数学上讲，这种拓展随时都可能出现。

苗千：最后一个问题是关于超级对撞机的。众所周知，杨振宁反对在中国建造一个超级对撞机（super collider），对此你也写了一篇文章予以回应。可以更详细地解释一下你的观点吗？

格罗斯：在这个问题上我和杨振宁的观点并不相同。杨振宁有两个理由，而我认为它们都站不住脚。

第一个理由是超级对撞机太贵了，中国没有能力负担这个项目。随着时间的推移，这个理由越来越站不住脚，因为中国即将成为世界上最大的经济体。欧洲核子研究中心（CERN）拥有一个非常了不起的大型强子对撞机（large hadron collider），而中国的人口是欧洲人口的几倍。相比之下，我认为（建造一个超级对撞机）对中国来说经济负担并不算重，而它对科学前沿所能带来的直接和非直接的收益则是巨大的。当然了，关于经济方面的问题在任何一个国家都会有类似的讨论。

他的另一个理由是，粒子物理学在某种程度上已经完结了，新的对撞机可能做不出任何新的发现。在这一点上我不认同，我们总能做出某种发现。要知道，杨振宁持有这个观点（粒子物理学已经完结）已经有很多年了。我记得大约在50年前，我们得出标准模型之前，他就这么认为，事实证明他的判断是错误的。实际上，当年李政道非常支持建造北京正负电子对撞机（Beijing electron positron collider），而杨振宁对此并不支持。最终事实证明，这个科学项目非常成功，而这对当时的中国来说是一个更大的经济负担。

要知道，建造粒子对撞机并不仅仅有利于粒子物理学研究，它还有很多的副产品。很多用于实用领域的发明，其实都来源于高能物理学的发展，所以对中国来说，发展基础物理学非常重要。我想杨振宁也理解我的理由，但是人们仍然会彼此抱有不同的观点。实际上，对一个问题进行具有活力的辩论，无论是对科学还是对社会来说，都是有益的。

弗里德里希·施泰德

维也纳学派留下了什么遗产？

弗里德里希·施泰德
FRIEDRICH STADLER
维也纳学派研究所创始人

引子

在科学哲学及很多相关学术领域的发展过程中，“维也纳学派”（Vienna Circle）是一个存在时间短暂却又非常重要的学术群体。这个由哲学家、自然科学家、数学家和心理学家等具有不同学术背景的学者所组成的群体，于两次世界大战之间，在西欧的中心城市维也纳对于科学哲学的本质进行了深入探讨，并且对随后全世界范围的哲学和科学研究都产生了深远的影响。

维也纳学派的成立已经有将近一个世纪的时间。这个仅存在了十多年的学术团体究竟由谁构成，又做了哪些工作，又为世界留下了什么遗产？或许维也纳大学科学哲学与科学史教授、维也纳学派研究所的创始人弗里德里希·施泰德（Friedrich Stadler）最适合回答这些问题。

维也纳学派研究所有一个小图书馆，仔细看过去，四壁书架上摆放的全都是与维也纳学派相关的书籍，因为书架的遮挡，室内显得有些昏暗。施泰德教授的办公室就在图书馆隔壁。在这里研究前人的事迹，颇有些躲进小楼成一统的味道。在这间有些促狭的图书馆里，施泰德教授接受了我的采访。

哲学的转折点

苗千：所谓“维也纳学派”是否主要由物理学家、哲学家和一些数学家组成？

施泰德：维也纳学派的成员主要集中讨论关于自然科学、物理学、逻辑学和数学的问题。这个学派的成员中也有心理学家、社会学家和法学家，所以说背景非常广泛。当然，他们的主要兴趣还是集中在科学问题上。

苗千：维也纳学派在两次世界大战的中间形成于维也纳，这个时间和地点究竟有什么特殊之处？

施泰德：正如 1929 年发表的维也纳学派的宣言（Scientific World-Conception）中写到的，在维也纳，从 19 世纪的心理学教授恩斯特·马赫（Ernst Mach）开始，就有研究科学哲学的传统。马赫从最初的物理学研究转向了心理学研究，他为维也纳学派的科学哲学研究奠定了基础。当然这个学派的主要成员还包括数学家汉斯·哈恩（Hans Hahn）、卡尔·门格尔（Karl Menger）、库尔特·哥德尔（Kurt Gödel），以及哲学家、数学家弗里德里希·魏斯曼（Friedrich Waismann）和马克斯·普朗克的学生莫里茨·石里克（Moritz Schlick）。

苗千：其中石里克被公认为维也纳学派的创建者吗？

施泰德：是的，他在 1924 年创立了维也纳学派，并且从那之后，他组织了一个持续的、永久性的讨论团体。这个小组中有来自各个领域的年轻学生、学者，也有著名教授作为访问者或发言人被邀请来参加讨论，他们以现代符号逻辑学与语言批评为工具，探讨有关哲学的改革、重建、创新，甚至是革命的话题。

同时，这也是受到了一些更小的讨论团体，例如由石里克、魏斯曼和维特根斯坦组成的小组以及其他很多在石里克小组周围形成的讨论小组的影响。这场发生在维也纳的文化运动，以及这些讨论小组的兴起，正是发生在两次世界大战之间，尤其是在所谓“红色维也纳”期间（Red Vienna，1919 至 1934 年间，维也纳一直由奥地利社会民主工人党以绝对多数当选执政，当时被称为“红色维也纳”）。

苗千：在两次世界大战之间的维也纳，整体的文化氛围是否非常活跃？

施泰德：是的。在当时这类知识分子团体非常多，而且并不只是集中在维也纳大学里，在学术界之外同样非常活跃，而且这个文化运动的影响也越来越大。在当时的维也纳有一股创造性的文化氛围，形成了很多由知识分子、哲学家和艺术家组成的小组，这些小组之间也相互联系，比如说文学小组和建筑学小组之间的互动就非常频繁，这正是维也纳文化活动的黄金时期，也是很多特殊领域发展的黄金时期，比如说数学、符号逻辑学、法学，尤其是由汉斯·凯尔森（Hans Kelsen）领导的纯法学理论研究，以石里克为中心的科学哲学研究。这个时期被称为“哲学的转折点”——尤其是在语言哲学研究领域。这场文化运动开始于 20 世纪 20 年代，实际上这也是欧洲整体的启蒙运动的一部分。在柏林、布拉格、华沙，同样地在巴黎、剑桥、伦敦，都有很多类似的讨论小组，而且这些小组之间也有积极的互动。而之后在欧洲由于法西斯主义兴起造成的大规模被迫移民，大量的欧洲人跨越大西洋移民（到达北美），这完全改变了欧洲的文化氛围。

苗千：这种活跃的文化氛围是因为第二次世界大战的爆发而中断，还是在更早的时候就消失了？

施泰德：在更早的时候就消失了。因为众多政治事件和种族歧视造成的大规模移民对当时的文化氛围有很大伤害。在20世纪的20年代和30年代，维也纳就已经出现了公开的反犹主义，所以在这个时期我们可以看到两种不同情况的发展：一方面是具有国际声誉的文化氛围，另一方面是整个国家的解体。

最迟到1934年，在奥地利内战结束之后，维也纳学派大多数成员的生活都有了悲剧性的转变。在1938年“德奥合并”事件之后，大多数人都被迫移民，因为他们在维也纳根本没法生活。当时在奥地利发生的驱逐和消灭科学文化支持者的活动对于维也纳的知识界网络造成了整体性的破坏，这在第二次世界大战爆发之前就发生了。

维也纳学派的朋友们：从维特根斯坦到薛定谔

苗千：维也纳学派和路德维希·维特根斯坦（Ludwig Wittgenstein）之间的关系是怎么样的？很多人都认为维特根斯坦是维也纳学派的“教父”。

施泰德：1918年，维特根斯坦刚刚完成了他的名著《逻辑哲学论》（*Tractatus Logico-Philosophicus*）。随后他就离开了维也纳，在下奥地利邦（Lower Austria）做了一名学校教师。石里克在20世纪20年代联系到维特根斯坦，并且希望和他见面。从1927年开始，他们就经常性地见面。受到维也纳学派的成员、荷兰数学家鲁伊兹·布劳威尔（Luitzen Brouwer）两次讲座的启发，维特根斯坦重新回到了哲学领域进行研究，而且在那之后，维特根斯坦又回到了剑桥。维特根斯坦之后与石里克、魏斯曼之间见面的谈话内容都以英语和德语被出版了。

所以可以说，一方面维也纳学派受到了维特根斯坦的启发；而另一方面，他与维也纳学派在科学哲学方面一直保持着联系和讨论，直到 1936 年石里克被谋杀。而弗里德里希·魏斯曼则一直充当着维特根斯坦小组与维也纳学派的中间人。维特根斯坦不算是维也纳学派的成员，但他从与维也纳学派的哲学家和科学家的交流中受到了很多启发。

苗千：所以说即使没有维特根斯坦的推动，也会有维也纳学派的出现。

施泰德：是的。在与维也纳学派成员们的一次会面之后，维特根斯坦只想和魏斯曼、石里克进行交流。他是一个非常害羞的人，可以说有一点奇怪。人们可能会说他的性格非常复杂，但是他从与石里克和魏斯曼的谈话中受益良多。

苗千：维也纳学派和当时很多物理学家的关系也很紧密，比如你刚才提到恩斯特·马赫为维也纳学派的成立奠定了基础。

施泰德：马赫可以说是维也纳学派成立以及这场文化运动的“祖父”。他在 1916 年第一次世界大战期间就去世了。他在自然哲学领域是一个重要人物，同时也是一个跨越了多个领域的研究者，他喜欢把历史学和科学哲学放在一起进行研究。与维也纳学派保持密切联系的物理学界的重要人物还包括路德维希·玻尔兹曼（Ludwig Boltzmann），之后维也纳学派与尼尔斯·波尔（Niels Bohr，丹麦著名物理学家）也有经常性的联系。石里克本人在当时就是广义相对论的积极推广者，爱因斯坦对此也很欣赏。还包括菲利普·弗兰克（Philipp Frank），他是爱因斯坦在布拉格大学的继任者，也是进行物理学和哲学比较研究的代表性人物，以此发展了科学哲学研究，并且把它推广到了历史学和社会学层面。

苗千：爱因斯坦也曾经自称是一个“马赫主义者”。

施泰德：最开始，爱因斯坦完全应用了“马赫原理”，并且高度赞扬马赫是相对论的先行者。这样的关系有些类似于维也纳学派和尼尔斯·波尔之间的关系。很多维也纳学派的成员即使是在被维也纳驱逐之后，仍然保持了对理论物理学的高度兴趣，尤其是有关相对论与量子力学之间的矛盾这一问题，可以说这反映了物理学和哲学两个群体之间一种经常性的互动。

小知识

马赫原理

简单来说，奥地利物理学家恩斯特·马赫在19世纪提出的涉及惯性和物质分布关系的一系列哲学和物理学思想可以被称为马赫原理（Mach principle）。这个思想对牛顿的绝对空间和绝对时间概念提出了批评，也深深地影响了爱因斯坦。爱因斯坦发展出广义相对论，在很大程度上是受到了马赫原理的影响。

苗千：埃尔温·薛定谔（Erwin Schrödinger）同样来自维也纳，他与维也纳学派的关系如何？

施泰德：薛定谔在比较早的时候就离开了维也纳，但是他深受马赫和玻尔兹曼的影响。薛定谔与石里克的小组曾经有过交流，但是并没有过多的个人交往。还有很多物理学家，比如沃尔夫冈·泡利在年轻时代就曾经受到过马赫的私人指导。马赫的教育对于很多年轻一代的自然科学家来说都是宝贵的财富。在维也纳学派内部，人们致力于科学的大统一，并且研究现代物理学的意义。大多数成员都认为物理学的表达方式可以作为其他学科的规范。而在另一方面，通过现代逻辑学和数学以及人们的经验和实验，出现了**逻辑实证主义**，这也是当时在美国出现了**实用主义**和**操作主义**思潮的原因。

小知识

逻辑实证主义、实用主义、操作主义

这是在科学哲学中不同学派发展出的几个理论。

逻辑实证主义（logical empiricism）是一种在20世纪初形成的哲学观点，强调科学知识的经验验证，认为只有可以通过经验验证的语句才有意义。纯粹的数学和逻辑命题也有意义，因为它们是分析性的（即基于定义或逻辑结构的），但它们并不提供关于世界的新知识。

实用主义（pragmatism）是一种认为思想的真实性和意义取决于其实际效果或实用价值的哲学观点。它认为一个命题或理论的"真实"或"正确"应当基于它在实践中的实用性或效用。如果一个理论在实际应用中有效，那么它可以被视为真实或正确。

操作主义（operationalism）是一种认为科学概念的意义在于它们所对应的操作或测量方法的哲学观点。它认为一个科学概念的意义完全取决于确定或测量它的实际操作。

是否需要回归到维也纳学派?

苗千：在当时，物理学家和哲学家之间经常性的、良好的互动是一件非常难得的事情，这种状况在当代已经完全改变了。人们是否还有可能回归到维也纳学派的传统?

施泰德：人们在重建科学哲学和科学史学方面有过努力。比如说从21世纪开始，在维也纳有了跨专业学习的课程，也有贯穿多个领域的博士项目。在我看来，有很多物理学家和自然科学家都对哲学问题，包括对科学和数学的基础——方法论和认识论，有浓厚的兴趣。从国际上来说，有国际科学哲学史研究会（The International Society for the History and Philosophy of Science），还有整合历史与科学哲学小组（The Integrated History and Philosophy of Science Group）。人们对于物理学和哲学相结合的兴趣正在增加。当然这并不是主流趋势。目前的主流趋势，一方面是希望专家在他所擅长的领域进行研究，并不受到哲学讨论的影响；而哲学家们则认为哲学是关于研究终极问题和定理的“科学女王”，与目前的科学研究和新出现的领域并无关联。所以说在科学研究中出现了分化。但另一方面，人们对于整体科学研究的思路也有反思。实际上，这取决于大学教育和学者自身，他们是否愿意接受与其他领域的研究者展开对话，所以说，关于科学与哲学研究相结合的传统会否恢复，这是一个开放性的问题。也许它会以不同学科的研究者之间的对话的形式恢复。

苗千：逻辑实证主义相对于科学研究是否已经过时了？在维也纳学派形成之前就已经出现了量子力学，比如“波函数”的概念极大地改变了人们对于“真实”的看法。

施泰德：是的，这些理论性的概念作为科学语言和所谓“真实”之间的关系确实是一个问题。而石里克曾经希望对这些概念进行量化描述，并且把它们与经验和形而上学式的启发相分离。这就是现实主义和经验主义之间的紧张关系。如果我们运用“奥卡姆剃刀”，就会避免过多形而上学式的前设。

根据这样的原则，你应该在关于这个世界最基本的假设之外不增加任何实体。当然，关于一些理论性的概念，比如基因和原子，因为这些概念与人类的经验和“真实”之间的关系，会产生出一些特殊的问题。关于量子力学的问题也是相似的。一个原子无法被直接感知到或看到，它只能通过特殊的仪器被探测到——其中的关系还需要被进一步地解释，有关这方面的讨论也一直在进行。形而上学家、现实主义者和经验主义者都对“感知”有各自的解释。这个问题也曾是在石里克、维特根斯坦和卡尔纳普、奥图·纽拉特（Otto Neurath）之间热烈讨论的话题，这关系到科学的基础，也关系到产生知识的知识论参照系。

苗千：在20世纪二三十年代，量子力学已经有了相当的发展。维也纳学派如何看待量子力学对于“真实”的阐述，比如测量对于“真实”的影响？

施泰德：维也纳学派中，菲利普·弗兰克和石里克专门对这样的问题进行研究。根据经验实证主义，他们对任何有关“活力论”（Vitalism）或者任何关于人的意识有特殊作用的观点都持高度怀疑的态度。他们也并没有发展出关于意识的哲学。维也纳学派中有一些心理学家，例如语言理论的创始人卡尔·布勒（Karl Bühler），研究心理学基础的埃贡·布伦斯维克（Egon Brunswik），但是他们并没有提出关于意识或心理的伪问题，因为从经验主义者的角度出发，这样的问题指向了工具主义，而非直觉主义。

小知识

工具主义、直觉主义

这是数学哲学中的两种观点。

工具主义（instrumentalism）认为数学并不是关于真实存在的抽象实体，而是人类发明的一个符号系统，用于解决实际问题和进行科学推理。因此，数学的真实性或有效性基于其在实践中的实用性。它并不是主流的数学哲学观点。

直觉主义（intuitionism）认为数学知识来源于我们对数学对象的直觉，而不是逻辑推导或存在的假设。这意味着一些传统的数学对象（如无穷小数、某些无穷集合等）可能在直觉主义数学中被排除或重新解释。

这两种观点都试图回答数学的本质是什么，并曾经引起广泛的讨论。

苗千：那么，在维也纳学派和研究量子力学的大本营——哥本哈根学派之间是否存在着某些冲突？

施泰德：当然，在经验主义者和现实主义者之间确实存在着不同的看法和讨论。像赫伯特·费格尔（Herbert Feigl）和石里克认为对于物理学应该采取一种现实主义者的态度；而另一方面，在菲利普·弗兰克周围又有一个经验主义者的阵营。他们之间探讨科学经验主义和现实主义之间的紧张关系，他们同样也会讨论通过形而上学对科学进行探索的限制。在这方面存在着很多不同的观点。在德国的讨论小组中，围绕着汉斯·赖欣巴哈（Hans Reichenbach）和卡尔·亨普尔（Carl Hempel）也存在着类似的讨论。实际上这是关于现代科学的方法论和认识论方面的探讨。

在物理学方面，这样的讨论到现在就演变为如何认识黑洞、暗物质之类，因为这些物质只能通过间接的方式被探测。而弦理论几乎无法被验证，它与其自身相一致，却没有被证实，没有任何的经验证据。

苗千：在现代物理学的发展过程中，理论物理学家越来越像纯粹的数学家一样醉心于推导出所谓“大统一理论”，这是否恰好是维也纳学派所反对的形而上学？

施泰德：在某种意义上确实是这样。因为传统的科学研究方法有一条准则，可以称为“请告诉我如何能推翻你的结论”。如果没有任何方式能够推翻你的结论，能够驳倒你，那么这就是形而上学。也许这样的结论在之后可以被理论化或被证明，但是目前，这样的研究方式已经偏离了传统的理论研究模式。传统研究中的验证原则是对于传统哲学理论做出改变的一个尝试，它们逐渐从确认理论和归纳逻辑中发展出来。最终，必须有某种来自经验实证或实验的证据和推导，为任何结论做出证明。

根据维也纳学派的主张，任何理论和原则都应该受到经验效果的检验。但是自维也纳学派在奥地利被驱逐，直到第二次世界大战之后，他们修订了这个主张，这种检验的标准消失了。

苗千：20 世纪 70 年代，美国加州大学伯克利分校的几位物理学家成立了一个叫“基础物理学小组”（Fundamental Physics Group）的讨论组织，但是他们的基本态度与维也纳学派的态度相反，他们抛弃了逻辑实证主义，积极地研究人类的意识所具有的能力。

施泰德：维也纳学派的成员们认为，人们在科学研究和社会活动中应当具有某种信念，但问题在于对这种所谓信念是随口说说还是在研究中亲自去践行。如果对于所谓信念只是随口说说，那么这并没有太大的意义。比如说你当然可以去研究所谓“阴阳哲学”或者某种非常深奥的猜测，但是这些都只是属于迷信的领域，与维也纳学派所倡导的实证主义目标并不相符。维也纳学派认为一个人需要能够为自己的研究方法的正当性和合理性辩护。一个人可以说任何事情，也可以假设任何事情，但是之后，他需要证明如何重复和证明自己的判断，并且利用它做出进一步的发展。而这正是维也纳学派留下的最宝贵的遗产。

苗千：在经过了将近 100 年之后，你认为维也纳学派对科学哲学研究最大的贡献是什么？

施泰德：我想，他们最重要的贡献就是在科学语言中进行语言批评和语言分析研究。科学本身是人类文明发展中出现的一个积极现象，它与宗教、神秘主义和其他不合理的现象是完全不同的。而且所有的科学学科发展都对人类文明做出了正面的推动。在这个框架之中，存在着不同的领域和方法，比如说，对于相对论的哲学解释。

另外，对于所有科学学科的一般化处理也是维也纳学派的贡献之一。科学哲学是建立在逻辑、数学和实证主义基础之上的。哲学本身并不足够，它必须与科学，包括人文学科相联系，而且它必须对基础问题做出解答，包括方法论问题和科学使用的语言问题。

皮特·沃伊特

物理学家需要更诚实地面对公众

皮特·沃伊特
PETER WOIT
哥伦比亚大学理论物理学家

采访手记

我对皮特·沃伊特（Peter Woit）的兴趣由来已久，甚至都记不清从何时开始，多年来我一直在关注他的博客。哥伦比亚大学的理论物理学家沃伊特有一个著名的关于数学和理论物理学的名为“连错误都算不上”（Not Even Wrong）的博客。我每隔几天就会看一下上面的新内容，我甚至在这个博客上见证了沃伊特完成一份关于量子力学的 500 多页的书稿。

我之所以对这个博客感兴趣，原因就在于作者沃伊特在其中非常鲜明的态度：反对弦理论，认为弦理论并不是物理学的未来。可以说，沃伊特的态度在物理学界并不算是少数，但是像他这样，至少十多年如一日地表达自己的鲜明态度，并且从各个角度去论证，在物理学界是很少见的。我作为旁观者，其实并没有资格去判断他的论证究竟有没有道理，毕竟支持和反对弦理论的两派争论至今也没有结果。但是这些年来，我从他的博客学到了很多知识，包括读完了那本量子力学的专著。

借着去纽约出差的机会，我约沃伊特在他的办公室里进行采访。四月份的一个下午，哥伦比亚大学校园里热闹非凡，沃伊特不大的办公室里却很清净。他看上去和视频中的样子一样，说话有时会有些微的口吃，但思路一直非常清晰。他表达了自己对于弦理论以及物理学的未来的看法，还有多年来他一直坚持更新博客的原因。大约一个小时之后，我离开了沃伊特的办公室。当晚我发现，他的博客又有了更新。

引子

理论物理学家们思考的很多问题都非常深奥，但也正是公众所感兴趣的，比如这个宇宙从何而来？宇宙将怎么发展？宇宙万物是如何运转的？公众有权从专家那里得到关于这些问题的回应。

皮特·沃伊特算是物理学界一位颇为特立独行的人物。在进行研究之余，他开设了一个名为“连错误都算不上”的科学博客，对于在理论物理学界发生的各种新闻进行实时报道和评论。在十多年的时间里，这个博客唯一不变的主题就是旗帜鲜明地反对被很多物理学家寄予厚望的弦理论。沃伊特坚持认为，弦理论只是一个看上去让人眼花缭乱的数学架构而已，作为一个科学理论，它甚至“连错误都算不上”。他还曾以同样的题目出版过一本专门批评弦理论的物理学科普著作。

沃伊特为什么对弦理论相关的一些理论长久以来都持严厉的批评态度？物理学研究遇到了哪些困难，科学家应该以怎样的态度与公众交流？一个春日的下午，在哥伦比亚大学数学系的办公室里，沃伊特接受了我的采访。

一些科学理念“连错误都算不上”

苗千：你的博客“连错误都算不上”已经开设很多年了，能说一下最初开设它的原因吗？是什么让你坚持了这么长的时间？

沃伊特：我也刚刚才意识到这个博客已经开设 15 年了，这确实是很长的一段时间。我写东西的速度很快，所以在博客上写东西并不太费时间，但我需要耗费很多时间在网络上寻找值得报道和评论的科学信息。

2000 年，我在网络上陷入了一些关于弦理论的辩论——这几乎是 20 年前的事情了！在那之后，我逐渐对弦理论有了越来越多的评论。关于弦理论的评价是一个非常复杂又非常重要的话题，因此我决定为此写一本书。于是我从 2002 年开始写一本评论弦理论的书，题目就叫《连错误都算不上》(*Not Even Wrong*)。完成书稿之后，在寻找出版商的时候，我发现一些科学家在写自己的博客，所以我从 2004 年 3 月也开始写博客。

苗千：当你在博客上写作时，想象中的读者是谁?

沃伊特：我在写《连错误都算不上》这本书的时候，非常清晰地感觉到，这本书是为我自己写的，是为了当初更年轻、对于很多知识并不完全理解的自己所写。所以我想象中的读者就是像我当年一样，十七八岁，对弦理论充满好奇的人。当然博客又稍有不同，因为它会报道很多最新的科学进展。无论是物理学家还是数学家，只要和我有相同的兴趣，都是我的“目标读者”。很多人都发现我的博客很有用。

苗千：在这十多年的时间里，你对弦理论的看法有没有发生过改变?

沃伊特：我的看法从未改变过。我想我对于弦理论的看法越来越清晰，我认为弦理论存在着非常大的问题。

苗千：这句名言“连错误都算不上”来自奥地利物理学家沃尔夫冈·泡利，算是一句非常尖刻的批评了。你用这句话来评论弦理论和其他一些理论物理学的理论，比如多重宇宙理论，是否太过严厉？

沃伊特：对我来说，这句话具有双重的意义。一层意思是非常严厉的批评：（某个理论）实在是太差了，甚至连个错误都算不上。而另一层意思可能更准确：某个想法还没有经过充分发展，我们目前无法判断它是正确还是错误的，因此只能称它“连错误都算不上”。

没有人真正理解当时泡利在说这句话的时候究竟指的是哪一种情况。在写这本书的时候，我联系过泡利的一个博士后，他向我证实泡利当年确实说过这句话以评价某一篇论文。但是我们不清楚他是说这篇论文太差了，连错误都算不上；还是说论文中的理念太过模糊、无法验证，连错误都算不上。

苗千：那么当你评价弦理论“连错误都算不上”时，它是属于哪一种情况呢？

沃伊特：目前对弦理论发表任何评价都会面对一个困难：你不知道自己谈论的对象究竟是什么。目前已经出现了超过 2 万篇关于弦理论的论文，而很多弦理论学家在做着完全不同的事情，因此我们很难对弦理论做出任何直接的评论。我所认识到的现实是，在过去 30 年里，所有试图利用“弦”的概念在多维时空中实现一个大统一理论的尝试全都失败了。我在和很多弦理论学家交流的时候，他们大多也承认这些失败，认为应该做更多的探索。但也有很多人不愿意承认弦理

小知识
弦理论图景

弦理论是一个试图统一所有相互作用的大统一理论的候选者之一。所谓弦理论图景（Landscape），指根据弦理论不同的参数所描绘的所有可能假真空的集合。在这个理论框架内，所有假真空共同构成了一个“景观”。

论的理念走不通，开始创造出诸如“**弦理论图景**”或多重宇宙理论等借口——这几乎可以算是弦理论最糟糕的一方面了（不愿承认自身的失败）。当然也有很多的弦理论学家在做有趣的研究，发展出有趣的数学。只是当一个人说起“弦理论”的时候，他可能指的是各种各样不同的东西，让我们无法评价。

苗千：如果欧洲核子中心（CERN）的大型强子对撞机（LHC）在实验中发现了超对称理论所预测的超粒子（superparticles），你会做何评价？

沃伊特：超对称理论与弦理论有所不同，这是一个比较一般性的想法。人们希望把标准模型理论做一个扩充，就得到了超对称理论。虽然也有很多人对这个理论充满信心，但众多的实验也证明了，超对称理论也不大行得通。因此如果真的发现了超粒子，我也会觉得非常吃惊。

如果我们把超对称理论与其他一些理论相结合，也有成功的可能。我现在的一些工作就包含了一些超对称理论的数学结构。而且一个情况与弦理论也类似：当我们谈到超对称理论时，你需要说清楚自己谈的是某一个特殊类型的超对称理论，还是更为通俗意义上的超对称理论。相比弦理论，人们对于超对称理论的理解更为深刻。当你说在量子场论领域研究超对称理论时，人们会大致理解你的意思。

苗千：你对于多重宇宙理论的态度是否也和弦理论类似？

沃伊特：我们必须分清多重宇宙理论内部的区别。当我们谈到多重宇宙时，究竟是说有很多宇宙存在，每个宇宙中的物理定律都一致——比如说它们都在我们的视界之外；还是说在大爆炸过程中产生了多个宇宙，发生了多次宇宙大爆炸，等等。这并不算是一个非常有趣的理论。

多重宇宙理论得到如此多的关注，原因在于它的另外一个版本：各个不同的宇宙内存在着各种不同的物理定律。于是相信多重宇宙的人又利用这个借口来解释，为什么在我们这个宇宙中的物理定律无法被理解——他们会说，因为在每一个不同的宇宙中，物理定律都是不同的。在我看来，这是非常非常危险的。

我们需要注意，当有人谈论起多重宇宙理论时，他们是不是在谈论某个具体的理论模型，他们是不是在利用多重宇宙的借口来试图解释我们这个宇宙的种种难以理解之处。这不仅对于人们目前所面对的一些科学难题来说是一种借口，对于试图揭开这些科学难题的科学家来说也是令人沮丧的——因为多重宇宙的信徒试图说明这些问题压根就没法被理解。

如果我们最终发现了一个所谓大统一理论，从其中必然能够推导出无穷无尽的宇宙，那个时候我们才不得不承认多重宇宙的存在。问题就在于目前没有任何关于多重宇宙存在的证据。一个科学家必须为自己的理论寻找实验证据。用一个没有任何证据的理论来解释世界为何如此，这肯定不是科学——“连错误都算不上”就是一个非常合适的描述了。

物理学的困境在于缺乏实验数据

苗千：从这一点来说，目前理论物理学的发展很大程度上依赖物理学家个人的理念。

沃伊特：这确实是其中的危险之所在。而且很不幸的是，理论物理学变得越来越意识形态化。一个学者只要说自己是在研究弦理论，声称自己是弦理论学家，就像是加入了某个部落一样，在这个群体里人们都拥有类似的理念。这实在不是一种健康的科学研究氛围。

苗千：弦理论是否与原子论有相似之处，人们可能都需要花费数千年的时间去证实或证伪？

沃伊特：这只是一个借口。一个无可逃避的事实是，弦理论学家们对于自己的理论没有任何实验证据。所谓因为多重宇宙的存在，所以没有实验证据，或是需要数千年的时间才能找到实验证据之类，都是为一个失败的理论所找的借口——而且这也算不上是说得通的借口。

如果我们回顾原子论发展的历史，就会发现它与弦理论的历史非常不同。弦理论有非常具体的主张，处理的是非常具体的问题——但是行不通；而古希腊时代的原子论没有提出具体的主张，古希腊人也没有去细致地寻找原子论在当时行不通的原因。人们为了证明弦理论已经辛苦工作了30年，发表了2万篇论文，世界上最聪明的人都在为此而努力……他们失败的原因非常清楚。

苗千：现在是成为理论物理学家的好时机吗？

沃伊特：实际上我非常高兴能够成为一个数学家。如果我们比较当今数学界和理论物理学界的状况，会发现数学界的发展更加健康一些。我经常对学生说，如果你对两个领域都感兴趣，那么最好来数学系工作。

在美国的一流大学里，一个非常聪明的人有很大机会在数学界找到终身教职；而他如果想要在理论物理学界找工作的话，就要和太多人竞争，大约只有十分之一的机会能够拿到永久职位……

如果在物理学领域出现一个职位空缺，贴出广告招聘，一定会收到大量杰出人才的申请，那么大学该怎么选择呢？他们只能选择在最热门的领域进行研究的人，而忽略冷门领域的人才，结果就会导致所有人都去研究同一个领域。相比之下数学研究更分散。

苗千：理论物理学界这样的状况，归根结底是不是因为过去几十年里在这个领域都没能取得重大进展？

沃伊特：理论物理学研究的问题在于，当前人们的研究领域越来越集中于短距离、高能量的相互作用，而我们基本上已经没有足够的技术去进行任何验证了。人们花了20年的时间建造了大型重子对撞机，并且取得了一些成就，但现在人们已经在议论，在大型重子对撞机的对撞能量范围之外会发生些什么。想要得到这个答案，将会花费很长的时间和巨大的资金。

理论物理学领域，在传统上是由实验所驱动的。你开动一个粒子加速器，通过实验寻找新的粒子和新的物理现象，然后大家就会集中在这个领域进行研究。但现在，因为技术原因，我们已经无法再做出这样的重大实验发现，也没法再通过实验开创出一个全新的研究领域。

即使我们应用与之前相同的研究方法，也已经没有更新的来自实验数据的启示了——这正是理论物理学发展越来越不健康的原因之一。

而另一方面，数学并不是一门实验性的科学，它并不在乎技术的进步，数学有其自身关于是否取得进步的标准，它不依赖任何来自外界的输入，它只需要依照自身的方向一直前进。

物理学家应该和公众对话

苗千：从爱因斯坦的时代以来，物理学研究发生了哪些改变？

沃伊特：情况已经完全不同了。在上世纪初，爱因斯坦活跃的年代，理论物理学家还是一个非常小的群体，他们也有大量的实验数据可以参照。量子力学之所以发展得那么迅速，就是因为在当时有大量的原子光谱的数据。你可以从中得到很多启发，进而发展出自己的理论。现代的理论物理学家们没有足够的数据可以分析。

但另一方面，爱因斯坦（在发展广义相对论的过程中）与现在的物理学家所面对的局面也有相似之处。在当时牛顿力学仍然可以说是非常成功的，而爱因斯坦没有很好的实验数据可以供他去验证自己关于时空本质的理论。所以他也经常和数学家交流，了解数学家们对于几何的理解，并且试着应用到自己的理论中。这对我们现在的研究也有借鉴意义，如果你没有足够的数据，那么与数学家交流，从数学结构中得到灵感也是一个好办法。

苗千：物理学家究竟是应该为自己所研究的理论感到狂热，还是应该保持冷静的态度？

沃伊特：一个著名的理论物理学家曾经说，选择一条道路进行研究是非常辛苦、非常容易感到沮丧的。因此想每天起床之后都能充满活力地进行研究，就必须对于自己所探索的理论充满热情，让自己相信这项研究是走在了一条正确的道路上。我想，这是物理学家为自己打气的一种方式。

其中的问题在于，在面对公众的演讲中，他同样会竭力宣传自己的想法是肯定正确的。这样一个非常聪明而有活力的物理学家站出来，向大家讲述某个想法一定行得通，但是他又绝对不会说在他的理论中其实存在很大的问题，有些想法其实是行不通的，这就有误导公众的危险了。物理学家在面对公众时必须更加诚实。

苗千：大多数人都认为理论物理学太深奥难懂，另一方面现代物理学又有其自身的困境。在这样的情况下，物理学家是否应该直接与公众进行对话呢？

沃伊特：我想公众对于这个领域仍然非常好奇。理论物理学家们思考的很多问题都非常深奥，但也正是大众所感兴趣的话题，比如这个宇宙从何而来？宇宙又将怎么发展？宇宙万物是如何运转的？公众有权从专家那里得到关于这些问题的回应。

科学家应当回答大家的问题，和公众进行沟通。而我的担心在于，有些科学家在对待公众时并不完全诚实。我们理解了什么，什么是我们还不理解的，关于这些问题应当坦诚地向公众说明。一些物理学家会直接向公众宣传诸如弦理论、多重宇宙理论等还没有任何证据的理论。他们只是在宣传自己所相信的理论，而不是诚实地承认我们并没有相关的证据。

苗千：美国情景喜剧《生活大爆炸》(*The Big Bang Theory*) 塑造了一个理论物理学家谢尔顿·库珀 (Sheldon Cooper) 的形象。你对这个人物有何看法？它是否能够帮助人们理解物理学家？

沃伊特：我个人还挺喜欢这个电视剧的，但我有一些同事并不喜欢，认为它是在拿理论物理学家开玩笑。但我认为这是一种友善的搞笑方式。一个很有意思的地方是，电视剧里的黑板实际上是由真正的物理学家写上去的，你可以看出他们正在研究的课题。谢尔顿肯定不是一个典型的理论物理学家，他只是一个喜剧人物，把物理学家的一些行为极端化。这也正是很多物理学家不喜欢这个形象的原因。

安东·蔡林格

只要观察得足够近，一切都会非常有趣

安东·蔡林格
Anton Zeilinger
维也纳大学物理学教授

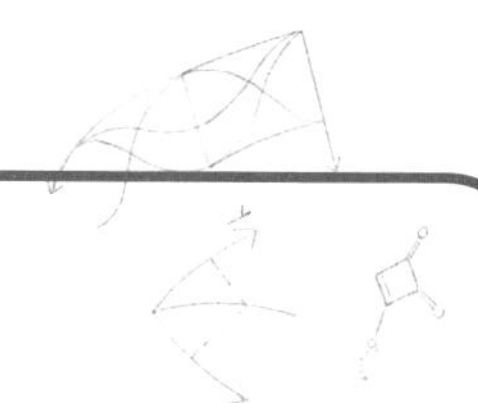

采访手记

说安东·蔡林格教授是维也纳物理学界的泰斗级人物一点也不过分。作为实验物理学家，蔡林格教授完成了一系列超乎人们想象的精妙实验。不仅如此，他的很多学生，包括中国学生，如今也都成为各自学术领域的领军人物。

正是因为如此，当时身在伦敦的我给身在维也纳的蔡林格教授发出过几次采访邀请，终于得到回复之后，我非常高兴，立刻购买了从伦敦飞往维也纳的机票。我对蔡林格教授感兴趣，不仅是对他本人，还因为他是一个居住在维也纳的奥地利人。在20世纪初，“维也纳学派”大名鼎鼎，其中涉及不少知名的物理学家和哲学家。100多年过去了，维也纳学派的影响是否还在？它对物理学家还有没有指引作用？

带着这些疑问，我赶到了维也纳大学蔡林格教授的办公室。满面笑容的蔡林格教授非常热情。实际上，要攀关系的话，我和他也不算太疏远——蔡林格教授的一位中国学生的学生，正是我的博士同学——我也算是蔡林格教授徒孙辈的学生了。

在办公室里刚刚坐下，蔡林格教授让我转过身看墙上挂着的一块黑板。黑板看上去有些粗糙，上面并未写字，不知道这是何意。“你知道这块黑板原本属于谁吗？”蔡林格教授说，“这原本是属于路德维希·玻尔兹曼（Ludwig Boltzmann）教授的黑板。”我这才明白蔡林格教授的意思。玻尔兹曼是奥地利历史上最伟大的物理学家。如今他曾经用过的黑板被传承下来，其实也象征着奥地利物理学的传承。

我们从共同认识的人一直谈到蔡林格教授的研究经历，以及他那些了不起的实验成就。当时是9月末，从维也纳离开之后，我下一站就要去瑞典斯德哥尔摩采访即将举办的诺贝尔奖颁奖典礼。

在采访的最后，我问了蔡林格教授一个问题：“你觉得自己有资格获得诺贝尔物理学奖吗？”大家都知道，诺贝尔奖是对科学家最高的荣誉和奖励，蔡林格教授并没有获得过诺贝尔奖。若是对一般的科学家问出这样的问题，对方甚至可能认为这问题是一个故意的挑衅。但对于蔡林格教授来说，因为他的成就斐然，在我心里早已经是“诺贝尔奖级别”的科学家了，所以我才问出这样的问题。

蔡林格教授思考了一会儿，认真地给出了他的回答。

引子

维也纳大学物理学教授安东・蔡林格是量子力学研究领域的领军人物之一。多年来他一直在尝试突破量子实验的极限，实现了多个具有开创性意义的实验，拓展了人类对于量子世界的认识。蔡林格教授也因此获得了艾萨克・牛顿奖章（Isaac Newton Medal）和沃尔夫奖（Wolf Prize）。蔡林格教授更是量子通信领域的开创者，多年来他操纵处于纠缠状态的光子完成了多个看上去令人不可思议的实验，不仅开创了一个全新的物理学研究领域，更开启了一个具有极高商业前景的潜在市场。

如今 74 岁的蔡林格教授虽然已经退休，但他仍每天来到位于维也纳大学物理系的实验室进行实验和指导学生。他是怎样走上物理学之路的？作为一个奥地利人，他在研究过程中是否受到了维也纳学派的影响？他对于物理学的研究前景又有何看法？面对这些问题，他在自己的办公室里接受了我的采访。

这个世界是被数学规则所限定的

苗千：你曾经提到过，当你还是一个小孩子的时候，你被父母拴在了一座塔上，因此你每天只能好奇地四处看着各种东西。

蔡林格：这个故事是真的，但我不是被父母拴在一座塔上，而是在乡下的一个城堡里。这个城堡大约在维也纳西边 100 公里的位置。因为我爸爸当时在那里做老师，所以我们家都住在那个城堡的二层。

我当时喜欢到处看，而我的父母又担心我会掉下去，所以他们就把我拴在了窗户边上。我只能每天花一两个小时的时间坐在窗边——或许是更久的时间吧——只是出于好奇，到处看。

苗千：你现在仍然对一切都还感到好奇吗？

蔡林格：是的，绝对还是这样。我相信，只要观察得足够近，那么一切事物都会是非常有趣的。

苗千：这是否也是你后来决定成为一个物理学家的原因？

蔡林格：其实我也不知道自己为什么会成为一个物理学家。从童年起，我就希望能够弄清楚所有东西的运转原理，我总是很好奇。我也不是一个工程师类型的人，因为每次把东西拆开，我总是没法把它装回原样。另一方面，我觉得把东西拆开就可以理解它工作的原理，但是再把它组装成原样其实就学不到什么了。

苗千：所以说相比于工程师，你更是一个物理学家。

蔡林格：是这样的。在大学时我选择了物理学专业，但我又总是想和现实联系起来。所以在大学时代，我总是在思考我应该更专注于理论还是更专注于实验。正是因为更希望与现实有所联系，我才选择了实验物理学。

苗千：你说过“我研究物理学的主要原因是我喜欢基础性的问题”，那么对你来说，最重要，也最令你困惑的基础性问题是什么呢？

蔡林格：我想对我来说最重要的问题就是，为什么是数学，这样一种在我们大脑中形成的理论，能够如此准确地描述这个世界。这是一个非常有趣的问题，而且我想没有人知道其中的答案。这个世界是被数学规则所限定的，一些规则是概率性的，另一些规则是决定性的，但总是会有各种数学规则出现。这究竟是为什么？数学规则为什么如此准确？

想象一下，人们都会坐飞机，全世界每年要售出20—30亿张飞机票。人们乘坐飞机旅行，是因为人们相信那些物理学法则——不仅仅是空气动力学中的伯努利方程，还要运用其他物理学法则，比如关于飞机引擎的理论等。这些理论真的在起作用！但究竟是为什么呢？

苗千：那么你是否觉得这个世界的规则归根结底是由某种数学语言书写的呢？尽管我们现在可能还不能理解它。

蔡林格：我想是这样的。制约这个世界的规则最终都是由数学语言书写的，可能不全都是决定性的数学语言，也有概率性的，比如说量子力学的数学形式。

苗千：你最开始利用中子进行实验，后来又改用光子，这是因为光子更容易操纵吗？

蔡林格：这是个非常好的问题。最开始我利用中子进行实验，同时我也对一些基础性实验感兴趣。之后在大约上世纪

小知识

相空间密度

相空间密度（phase space density）是一个物理学概念。它描述了一个系统的微观状态在相空间的分布情况。相空间密度为我们提供了一种在相空间中表示物理系统状态的方式。这使我们能够在不同的尺度和描述水平上理解和计算物理系统的行为。

七八十年代，我开始对量子纠缠（quantum entanglement）实验感兴趣，于是我开始尝试，是否能够利用中子进行量子纠缠实验。但是我发现即使是在最高的流量中，中子的相空间密度也太低了，不可能进行量子纠缠实验。这种情况可能只有极少数的例外，比如在核弹中（中子的相空间密度会很高），但你可没办法在实验室里进行这种实验！

所以我开始很清楚地认识到，想要进行量子纠缠研究，光子会是一个更好的选择，或者也可以利用原子。所以我同时对光子和原子都产生了兴趣。我尝试进行了原子干涉实验、分子干涉实验，现在我们正在利用氦原子进行一种难度非常高的量子纠缠实验。这样的实验将会对爱因斯坦－波多尔斯基－罗森佯谬（Einstein–Podolsky–Rosen paradox，也称 **EPR 悖论**），也就是在“EPR 论文”中提出的假想态（粒子的位置和动量都处于纠缠态）进行最直接的验证。

小知识

EPR 悖论

爱因斯坦、波多尔斯基、罗森三位物理学家在 1935 年共同发表了一篇论文《能认为量子力学对物理实在的描述是完全的吗？》，提出了一个假想实验以质疑量子力学的完备性，这篇论文在学术界引发的争议至今仍未平息。这也是物理学界最著名的论文之一。

对于这样的假想态也有等效实验。人们可以利用光子进行量子纠缠实验，这在数学上等效于粒子的位置和动量都处于纠缠态，但在物理学上这两个实验是不相同的。所以我们试图利用氦原子直接进行量子纠缠实验。只要我确定利用氦原子的量子纠缠实验能够行得通，就像我们利用光子进行很多量子纠缠实验一样，接下来有很多新的实验我们就可以利用氦原子进行了。

苗千：为了探索量子世界和经典世界之间的界限，你有没有试着利用活细胞进行量子双缝干涉实验？

蔡林格：我从来没有尝试过这样的实验，但是我相信，这样的实验在未来是可以实现的。从根本的原则来说，使用细菌进行双缝干涉实验是可以成功的，当然这也需要纳米工程学的进展。我们需要纳米材料来保证实验过程中的细菌能够存活。这些条件我们都有可能达到。随着纳米技术的进展，这样的量子干涉效应是会被观测到的。

量子世界与经典世界之间并没有界限

苗千：能否请你用简单的语言介绍一下什么是量子纠缠？

蔡林格：对我来说，可以把量子纠缠比喻为同卵双胞胎——具有相同基因的两个人。双胞胎具有完全相同的基因，因此看上去完全一样，所以当我看到其中一个人时，我立即就知道另一个人的特性与我看到的这个人完全一样——比如说眼睛的颜色——无论另一个人身在何处。

如果这是两个处于量子纠缠状态的双胞胎，那么就存在着一个问题：并没有基因可以决定一对处于量子纠缠状态的双胞胎的眼睛颜色，它们是不确定的。当我看到其中一个人的眼睛颜色时，我所看到的他的眼睛颜色是随机的，同时另一个人的眼睛也获得了相同的颜色——无论他距离我有多远。

我们通过很多次不同种类的实验明白了，这种量子纠缠现象，不能通过一种所谓“基因的隐藏属性”来解释，同样也不能通过双胞胎之间存在着某种通信来解释，因为它们之间沟通的“速度”远超光速。

因此我们没有办法通过常理、利用日常的语言来解释这种现象，但是我们可以通过数学来解释这种现象，这就是量子力学。所以从这个角度来说，这并不是某种神奇的物理现象，但它确实会挑战我们的日常认知。（注：量子纠缠现象是在微观量子领域存在的一种令人极其费解的自然现象。人类至今也没有理解量子纠缠现象的本质，但是已经可以利用量子纠缠进行量子计算方面的研究。）

苗千：你是一个喜欢进行哲学思辨的物理学家吗？在量子力学中蕴含的一些哲学思想是否会让你感到苦恼？你是否需要思考在物理学背后所蕴含的哲学问题？

蔡林格：哲学是一个大问题，而量子力学（从物理学的角度来说）是一个完美的理论。我想要理解的问题是，从最基本的逻辑学和哲学原理来考虑，为什么会存在量子力学？

比如说在相对论中，我们对于相对论的基础，也就是相对性原理理解得已经很透彻了。在一个惯性系里，你无法判断自己是处于静止状态还是处于匀速直线运动状态，比如你是静止不动还是坐在一辆匀速行驶的火车里。另一方面，如果有一种力向下拉拽你，你也无法判断自己是处于一个重力场中还是在做加速运动——比如在一个电梯里。（相对论的）基本原理都是非常合理的。我相信，如果在量子力学中也存在类似的基本原理，我们一定会发现它的。

（从哲学的角度来说）对于量子力学的哲学诠释，我并没有什么看法。但是我认为只要我们还不知道量子力学将向什么方向发展，那么对于量子力学有不同的理解就是一件好事，因为这可能给我们带来灵感。我个人倾向于（对于量子力学的）哥本哈根诠释。但是只要还存在其他不同的诠释，你就无法通过实验辨别出其中的区别——当然如果我们可以改变量子力学的形式，事情就会完全不一样了。我之所以最倾向于哥本哈根诠释，是因为它使用了最少的概念。它不会假设粒子的位置，也不会假设存在很多不同的宇宙，诸如此类。因此它是最为基础的诠释，也就意味着它最具有开放性。

苗千：作为一个在维也纳学习和工作的奥地利人，你是否也受到了维也纳学派的影响？

蔡林格：是的。我发现自己不仅受到了维也纳学派的影响，同时也受到了维也纳实证主义态度的影响。关于这一点，我是在 1977 年的时候才发现的，那一年我去了麻省理工学院，在那里工作了一年时间。我忽然意识到，维也纳的氛围是非常独特的。在维也纳，你可以对一些非常基本的问题发问，同时维也纳的风气也更加哲学化，即使在物理学界也是如此。这真是一种非常独特、非常有趣的环境。

在美国，人们都更加实际。大多数研究量子力学的物理学家和哲学家都是从现实主义角度出发的。有些人认为量子力学的隐藏参量是以某种复杂的形式存在的。这种态度也并无不可，可以说整个美国文化的成功就是建立在从一种实际的角度出发去寻求解决问题的途径。因此从最开始，从美国研究量子力学的开创性人物开始，他们就有一种更实际的态度，这是好事。但是我想在世界的其他一些地方，有另外一种研究理念，这也是一件好事。

苗千：埃尔温·薛定谔同样来自维也纳，他提出了量子力学的波动性理论，但后来他发生了转变，与爱因斯坦看待量子力学的观念相似，并不相信所谓量子力学的波函数。你是否也受到了薛定谔的影响？

蔡林格：埃尔温·薛定谔是一位非常非常复杂的物理学家。我认为他与爱因斯坦并不一样。如果你去读一下他的书《生命是什么》，就能够在其中了解到他对于世界的哲学看法。他在书里写道，他认为人类处于一种物质和意识共存的状态，这与当今大多数物理学家的看法相反。薛定谔还写了一些更加激进的内容，他认为在世界上存在一个整体意识，而我们都是这个整体意识的一部分。这种观点，爱因斯坦是绝对不会同意的。

苗千：那么你会把人的意识放在量子力学中一个很特殊的位置上吗？

蔡林格：只有你先告诉我人的意识是什么，我才能回答这个问题。因为我真的不知道。我想其中最关键的部分在于信息。信息与知识不同，它是一种让人获得知识的可能性。所谓波函数是一种关于量子状态的可能性，是对可能取得的实验结果的描述，归根结底，这是一种人们获得某种知识的可能性。这需要人的意识参与其中。这为什么需要人类意识的参与？意识的角色为什么如此特殊？这些都是开放性的问题。

苗千：想要解决这些问题，作为一个实验物理学家，你是否会和哲学家们一起工作？

蔡林格：我曾经邀请过哲学家进行合作。从美国的一个科学基金获得支持之后，我曾经邀请哲学家来实验室访问，而且与哲学家的谈话总是非常有趣。让哲学家参观我们的实验并且给出建议，对我们的研究有很大帮助。

苗千：你完成了很多的量子力学实验，并且把量子力学推进到了一个新的极限。那么你是否观察到在量子世界和日常的所谓经典世界之间存在着某种界限？

蔡林格：两者之间并没有界限。尼尔斯·玻尔有一句名言：所谓经典物体就是我们能够用日常语言来谈论的对象。当谈到量子对象时，玻尔说他没有办法谈论量子对象，因为并没有合适的语言——为什么会这样？这说明了什么？当一个所谓经典物体变得越来越大时，它就有越来越大的可能和周围的环境发生相互作用，而每一次相互作用都让（这个物体的）信息向周围的环境流动。所以说你与周围环境的接触越多，你就越有可能显得像是一个“经典物体”。

小知识

富勒烯分子

富勒烯分子由60个碳原子构成，外形类似于一个足球，因其特殊的结构和性质，在科学研究和实际应用中都有巨大的潜力。诺贝尔物理学奖得主安东·蔡林格曾经利用富勒烯分子进行双缝干涉实验，以证明量子波粒二象性。

但是量子世界与经典世界之间并没有一个界限。就像我们利用富勒烯分子进行量子实验，在实验中富勒烯是一个量子物体，而在其他实验中它又是一种经典物体。通过一个扫描隧道显微镜的观察，你可以知道一个富勒烯分子在哪里，你可以看到它的结构和一切细节，因为你和富勒烯分子之间存在相互作用。因此所谓量子世界和经典世界并不是固定一成不变的。一个物体属于量子物体还是经典物体，这取决于实验的设置与周围环境的分隔。你永远无法在两者之间划出一条界限来。

我期待着把量子世界的范围一直向经典世界推进，从非常非常小的单个物体，逐渐发展到越来越大的分子，然后再继续推进。我不知道其中真正的限制会在哪里，但可以肯定的是，让一只猫呈现出量子态纯粹是幻想。

苗千：理查德·费曼曾经说过，没有人理解量子力学。你仍然认为自己也不理解量子力学吗？

蔡林格：我们可以理解的是，我们可以通过量子力学进行一些实验和工作。但是在更深的意义上，我认为正如费曼所说，为什么会出现量子力学，这一点我们都不理解。这与我们对于相对论的理解程度完全不同。费曼也说过，一开始只有少数的几个人理解相对论，但是随后就有越来越多的人理解了它。量子力学则完全不同。或许在未来的某一天我们能够对它有更清晰的认识。

苗千：在爱因斯坦著名的"EPR论文"中，他提出量子力学是正确的，但可能是不完备的。作为一个量子力学专家，今天你会如何向他解释他提出的"EPR悖论"呢？

蔡林格：我会说，很抱歉，爱因斯坦先生，你的结论是错误的。我的一位同事，著名的美国物理学家迈克尔·霍恩（Michael Horne），多年前在他的博士论文里就证明了，"EPR悖论"中关于隐含变量一定存在的结论是错误的。所以我会直接告诉爱因斯坦，他的结论是错误的。但我不知道他会如何回应。

苗千：从这个角度来说，你是否抛弃了事物的局域性和因果性？

蔡林格：问题就在于，在某种程度上你不得不抛弃事物的真实性和局域性概念这两者之一，这是非常困难的。我也会非常小心，我不会认为完全抛弃因果性是一个正确的选择。在处理这些问题时人们必须非常小心。但是在某种程度上，你必须抛弃真实性的概念，也就是说在你通过实验来测量物体的某一个特性之前，这个特性并不存在。

也就是说，所谓实在性概念有一个问题，局域性概念同样也有问题，因为（在量子世界）相互作用的速度远超光速，这（在经典世界中）是不允许的。我的个人观点是我们需要理解，所谓真实性和局域性问题已经不再重要，这些都是“旧问题”，应该把它们都抛弃掉。

中国是量子通信领域的领跑者

苗千：你现在正试着利用处于纠缠态的光子建造一个安全的通信网络。

蔡林格：这样的量子通信网络已经建成了，（在这个领域）目前中国是领跑者。

苗千：你首先在维也纳建造了量子通信网络，之后你的学生潘建伟又在中国建造了一套量子通信网络，现在又在利用卫星进行量子通信实验，真是非常了不起的工作。

蔡林格：量子网络已经不是面向未来的技术了。人类用网络来交换信息，而量子通信网络可以保证通信的安全性。人们想要在城市之间通信，比如在不同的大使馆里，就可以建立安全的量子通信网络。这在很多对安全性要求高的通信中都非常有价值。

苗千：人类会建造出一个全球性的量子通信网络吗？

蔡林格：我相信会建成这样的量子通信网络，而且不会只有一个。中国，可能还有其他国家，包括美国，都在建造量子通信网络。以后可能还会有私人企业参与进来。

苗千：但也有人批评量子通信网络的造价太高，而且容易受到攻击。

蔡林格：如果采用正确的方式建造，那么量子通信网络就只会因为受到外界的攻击而被打断，造成双方无法通信。但是进行攻击的第三方也无法获得通信信息。我相信在很多场合，信息安全都是非常重要的，而且人们愿意付高价以保障通信安全。一些高度机密的商业谈判，比如在航空公司购买商业航线的谈判中，人们就会希望通信绝对保密，不会被竞争对手知晓本方的出价。所以说，量子通信技术有很大的商业前景，更不用提它的军事价值了！

量子通信网络的发展会像电脑一样，最初只有三四台电脑被用于军事用途，而现在每个房间里几乎都有一台电脑。原因有两个：首先，技术进步了，它可以实现很多人们预想不到的功能；第二个原因就是价格下降了。在量子通信领域也会发生类似的事情。

苗千：你的两部分研究虽然在本质上相同，但我认为在实验领域却走向了两个相反的方向：一部分实验越来越复杂，花费也越来越大，比如量子卫星实验需要国家级别的投入；而另一个方向则非常简单，例如通过双缝干涉实验来研究微观干涉现象。你更倾向于通过哪一类实验来进行研究？

蔡林格：我仍然对基础问题非常感兴趣。现在一些重要的实验项目涉及实现多离子或多光子的纠缠态等。目前潘建伟实现了最多光子数的纠缠，而世界上第一次实现多于两个光子的纠缠态实验就是在维也纳进行的，当时潘建伟也参与了这个实验。这就是一种非常典型的基础研究。当时世界上没有任何人在实验室里见到过多于两个光子的量子纠缠，而现在这项技术对于量子通信非常重要，这也说明了基础科学研究的重要性。

我一向对基础科学问题感兴趣，当然也和其他研究者，比如潘建伟，进行过一些应用方面的研究。但我对于发展技术并不是特别感兴趣，对我来说基础问题更有趣。研究量子力学的非局域性，检查不同的理论漏洞，这都是关于量子加密技术是否安全的重要条件。这些问题都非常有趣，也都是开放性的问题。

苗千：你做了很多著名的实验，哪一个是你自己最喜欢的？

蔡林格：对我来说，我最喜欢的实验是实现三个粒子和四个粒子的纠缠态。因为这开创了一个全新的科学领域，也开创了一个全新的应用领域，比如量子加密。实现多粒子纠缠态实验是一个让人激动的事情。我们与格林伯格和欧文共同发现了多粒子纠缠的可能性。从那个时候开始，我就一直希望能够在实验室里实现这个量子态。这花了我将近 10 年的时间。

在今天看来实现这个实验很简单，但是在当时没有人知道该怎么做才能让三个或者四个粒子处于纠缠状态。我们在 1987 或 1988 年发现了“GHZ 态”，之后又走了很多的弯路。那个时候我还没有进行光子纠缠实验，我的研究组需要学习量子纠缠，还有相关的技术。在这方面，罗切斯特大学的伦纳德·曼德尔（Leonard Mandel）给了我们很大的帮助，他给我们很多无私的建议，总是对我在实验方面的问题毫无保留。我们最终在 1994、1995 年，首次实现了“GHZ 量子纠缠实验”。

苗千：当时在全世界有很多实验室都在进行类似的量子实验，你们之间的关系是竞争还是合作？

蔡林格：我们之间有些是竞争关系，有些是合作关系，而有些是两者兼备。

苗千：在物理学界你已经赢得了很多奖项，你是否期待能够获得诺贝尔奖呢？

蔡林格：对于任何一个物理学家来说，赢得诺贝尔奖都是极高的荣誉。有太多出色的科学家配得上诺贝尔奖，对于诺贝尔奖委员会来说会很难做出决定。我想我在 20 年前已经完成了自己最重要的工作，就是多光子纠缠实验——这项实验还有一个副产品，就是**量子隐态传输实验**；我们同样做了一些关于量子门和量子计算的实验——这些就是我最重要的成就了。

我现在仍然在这个领域进行研究，就是因为我真心地喜欢这项工作。虽然名义上我已经退休了，但是我仍然每天都来实验室，这对我来说是最重要的事情。我希望能够引导年轻人对科学感到激动，并且进行一些有趣的研究。

小知识

量子隐态传输实验

量子隐态传输（quantum teleportation）是一种关于量子信息科学的实验。它允许在空间中被分隔开的双方基于量子纠缠现象，准确传输一个量子态，而不需要直接传输其携带的粒子。量子隐态传输实验为未来很多量子技术奠定了基础。

吉姆 · 皮布尔斯

我喜欢寻找曾经发生过的事物的线索

吉姆 · 皮布尔斯

JIM PEEBLES

2019 年诺贝尔物理学奖得主

引子

出生于加拿大温尼伯的吉姆·皮布尔斯（Jim Peebles）被认为是目前世界上最重要的宇宙学家之一。从 20 世纪 60 年代开始，他在普林斯顿大学跟随罗伯特·迪克（Robert H.Dicke）教授进行宇宙学研究。在当时，宇宙学刚刚有了雏形，还没有形成一个完整的体系和独立的学科，更没有专门教材。在几十年时间里，皮布尔斯通过不懈努力，使宇宙学成为一门独立、精密的学科。他在大爆炸核合成、暗物质、暗能量领域都有重要贡献。他撰写的几部著作更是成为宇宙学领域的经典教科书。2019 年，皮布尔斯因为“在宇宙学领域的理论发现”获得了诺贝尔物理学奖。

自己为什么踏上了宇宙学研究之路，对于宇宙学的发展又有何期待？面对这些问题，皮布尔斯通过邮件接受了我的专访。

宇宙是个有趣的研究对象

苗千：你曾经说在自己研究生涯的开始，打算做一个粒子物理学家。后来为什么选择进行宇宙学研究？如果不是一个宇宙学家，你可能会做什么工作？

皮布尔斯：我很快就意识到自己并不适合做粒子物理学研究。我的个人能力与罗伯特·迪克教授的研究方向——通过实验进行引力研究更相符。所以在 1958 年，我成为普林斯顿大学研究生不久之后，就进入了迪克教授的研究组。我对于他给我的研究课题很着迷，从此也就开始了我的研究生涯。

如果不做一个宇宙学家，我想我可能会进行地质学研究，或者成为一个考古学家。因为我喜欢寻找曾经发生过的事物的线索。宽泛些说，这和我在宇宙学研究中所做的事情是一致的。

苗千：你是从什么时候开始相信，人类有能力把整个宇宙都作为一个研究对象进行研究？人类自身也是宇宙的一部分，我们如何排除自身对于观测结果的干扰呢？

皮布尔斯：我并不认为人类对宇宙的观测对于宇宙会造成干扰。要知道，我们现在的宇宙学理论还只是对于宇宙整体结构的近似。这个理论已经通过了很多检测，因此大多数宇宙学家都相信这是一个对宇宙本身非常优秀的近似。但我们当然可以做得比现在更好，而且我们正在朝着这个方向努力。

苗千：为什么说理解在宇宙大爆炸之后的最初几秒钟究竟发生了什么，对于理解宇宙的状态至关重要？而我们理解宇宙最初形态的主要困难有哪些？

皮布尔斯：单纯的好奇心就足以引导我们利用各种观测方法去研究在宇宙发生膨胀的最早期究竟发生了什么，又有什么存留了下来。比如说，有证据显示宇宙中氢元素和氦元素的同位素都是在宇宙膨胀的第一分钟中产生的。这是一种令人着迷的“化石”（fossil）。

苗千：我在卡文迪许实验室做博士生时，罗杰·彭罗斯爵士（Sir Roger Penrose）曾经来做过一次演讲，题目叫作《在宇宙大爆炸之前发生了什么》（彭罗斯认为我们所观测到的宇宙大爆炸可能只是一连串宇宙大爆炸中的一次）。那么你认为在宇宙大爆炸发生“之前”发生了什么？

皮布尔斯：在宇宙学领域确实有这样的想法（曾经发生过多次宇宙大爆炸），但是并没有证据。所以对此我只能抱有一个开放的态度。罗杰·彭罗斯是一位非常杰出的科学家，获得诺贝尔奖实至名归。但是对我自己来说，我对于在宇宙大爆炸之前发生了什么并没有兴趣。无论这个话题的实质是什么，我们都需要发现可以理解的观测证据。

小知识

多重宇宙理论

多重宇宙理论是在20世纪50年代出现的一种物理学理论。目前它有多个版本，从宏观的宇宙学层面到微观的量子力学层面，以解释在宇宙学观测和量子力学领域的一些现象。但是目前人们还没有任何关于多重宇宙理论成立的证据。

苗千：除了宇宙的整体结构和构成之外，你是否还对某些特殊的宇宙学现象感到着迷？

皮布尔斯：有很多。比如说，邻近星系有一些奇特的性质。在进行仔细的数字模拟时，我们从观测到的一些细节会发现，这些星系的形成过程在细节上有着系统性的区别。当然数字模拟是以标准宇宙学模型为基础的。这是否说明我们有可能得到更好的宇宙学模型，并且给出更好的模拟效果？

宇宙学方兴未艾

苗千：你认为宇宙的未来是怎样的？是会在暗能量的推动之下不

断膨胀，最终达到热寂（heat death）；或者也有可能发生坍缩，重新成为一个点，再次发生大爆炸？

皮布尔斯：我对于宇宙此前发生过什么要更感兴趣，因为之前发生过的事情会留下痕迹。

苗千：作为一个宇宙学家，你对“**多重宇宙理论**”有何看法？无论是在宇宙学层面还是量子力学层面。

皮布尔斯：同样的，我对这也毫无兴趣。

苗千：你是否认为宇宙中的暗能量起源于量子力学的“**真空能**”？我们又该如何理解这两者之间存在的巨大差距？

皮布尔斯：量子真空能是一个深刻的难题。目前我对此并没有思路。

苗千：你对于宇宙学中的“**暴胀理论**”似乎并不热衷，那么我们该如何理解宇宙的“各向同性”（isotropy）呢？

皮布尔斯：所谓宇宙暴胀的想法是一个优美的且很有希望的，但

小知识

真空能

真空能（vacuum energy）是人们通过量子力学计算出的真空在理论上所包含的能量。有人认为人们观测到的暗能量就是源于理论上的真空能。但是困难在于，这两者之间在数值上存在着极其巨大的差距。

小知识

暴胀理论

暴胀理论是美国科学家阿兰·古斯在1980年提出的关于宇宙早期形态的猜想。他认为宇宙在刚刚诞生之后就发生了一次或多次的暴胀，在瞬间从微观状态转变为宏观状态。这个猜测可以解释宇宙的各向同性。但是人类至今还没有发现能够证明宇宙曾经发生暴胀的证据。

是目前并没有任何实在证据的理论。这并不稀奇，因为很少有证据能够指导我们得出一个理论的确切公式。所以让我们先不要急于下论断，而是鼓励人们去做研究，争取能够发现在早期宇宙究竟发生了什么的切实证据。

苗千：在未来几年里，你最希望在宇宙学领域取得哪些突破性进展？

皮布尔斯：有很多的可能性。比如说对暗物质的探测，发现关于量子真空能的可行性理论，以及令人信服的关于星系形成的理论，等等。

苗千：要实现物理学研究的突破，我们最需要的是什么？更好的数学工具，更先进的观测设备，还是某种意外发现？

皮布尔斯：这些因素全都是必要的。

苗千：宇宙学的出现在很大程度上依赖广义相对论的诞生。你认为在广义相对论之后，人类对于时空和引力的认知还会再次发生革命性的变化吗？

皮布尔斯：这种巨大的突破将取决于量子理论和相对论的最终统一。

苗千：你使得宇宙学成为一门精确的科学。目前基于宇宙学理论，我们有了对于宇宙图景的基本认知：宇宙中弥漫着微波背景辐射，由物质和暗物质组成的星系结构，由暗能量所驱动的时空加速膨胀……

这样的宇宙图景与你最开始进行宇宙学研究时心目中的图景是否一致？这算不算是一个关于宇宙的理想图景？

皮布尔斯：当我在20世纪60年代开始进行宇宙学研究时，只有非常少的数据来支持人们的各种想法。我之所以喜欢宇宙学研究，正是因为人们可以通过寻找各种各样的证据来支持各种不同的想法。在当时我绝不会想到宇宙学研究有朝一日会变得如此繁荣。

苗千：即使是作为相对论的创始人，阿尔伯特·爱因斯坦也曾经对于宇宙有错误的认识——他曾经支持静态宇宙学模型，也曾经怀疑黑洞和引力波是否真实存在。如果有机会问爱因斯坦一个问题，你会问他什么？

皮布尔斯：我会问，他对自己关于引力和宇宙的观念（在人类社会）所引发的结果（促进了宇宙学的诞生）有何看法？

迪迪埃·奎洛兹

我们延伸了哥白尼的工作

迪迪埃·奎洛兹

DIDIER QUELOZ

2019 年诺贝尔物理学奖得主

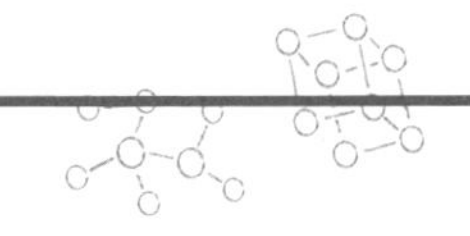

采访手记

因为新冠疫情，我是在北京通过视频方式采访迪迪埃·奎洛兹(Didier Queloz)的。采访在英国时间早上9点开始，奎洛兹教授看上去状态极佳，侃侃而谈。在正式采访之前，我对奎洛兹教授讲述了我们之间的一些关联——在2019年10月，当瑞典皇家科学院诺贝尔奖委员会宣布他获得当年的诺贝尔物理学奖时，我就作为采访记者在现场见证；而奎洛兹教授现在工作的剑桥大学卡文迪许实验室，也正是我进行博士研究的地方。

或许是因为有这种特殊的“关联”，面对我的问题，奎洛兹教授显得非常兴奋，侃侃而谈。他介绍，自己取得了这个决定性的成就——发现第一颗系外行星，其实只是他作为博士生期间的一次“妙手偶得”，本不在他的研究计划之内。但是在这个决定性成果的基础之上，多年以来他进一步拓展了自己的研究，希望探索整个宇宙中可能的生命形态。

在和奎洛兹教授一个多小时的视频对话中，看得出他情绪高涨，非常开朗乐观。如果用一个词来形容我对他的感觉，那就是“幸福”。我所感觉到的，是一个科学家能够把自己的研究、自己对于整个宇宙无穷无尽的想象力结合起来，同时还能够获得外界资金和其他各个方面的支持，这真可谓一种完美的生活。一个人恐怕也只有在这种情况下，才能够感觉到真正的幸福。相比之下，获得世界上最重要的奖项诺贝尔奖，其实也只是锦上添花罢了。

引子

瑞士天文学家迪迪埃·奎洛兹与他的导师米歇尔·麦耶（Michel Mayor）在1995年共同发现了首颗围绕着类似于太阳的恒星运转的太阳系外行星——距离地球大约51光年的“飞马座51b”（51 Pegasi b）。这个发现改变了人类对于宇宙的认识，也开创了一个全新的宇宙学研究领域。2019年，奎洛兹与导师麦耶以及宇宙学家吉姆·皮布尔斯共同获得了诺贝尔物理学奖。

从1995年至今，人类在行星科学领域有了哪些进展？对于宇宙中生命形式的可能性有哪些认识？该如何做出“诺贝尔奖级别”的发现？获得诺贝尔奖对于一个科学家来说，又会有怎样的影响？对于这些问题，目前在剑桥大学任职的奎洛兹通过视频接受了我的专访。

发现“飞马座51b”是一个意外

苗千：首先要说一声迟到的祝贺。2019年10月，瑞典皇家科学院宣布你获得诺贝尔物理学奖的时候，我就在皇家科学院里亲眼见证了。所以第一个问题也和诺贝尔奖有关：作为第一位获得诺贝尔奖的行星科学家，之前你想到过自己会因此获奖吗？

奎洛兹：谢谢！当我们宣布做出了这个发现（在1995年发现行星“飞马座51b”）之后，我的很多朋友的第一反应都是我将会因此获得诺贝尔奖。我自己也意识到这是一个重大的发现，但并不确定这是“诺贝尔奖级别”的发现，我们也绝没有想到这个发现开启了一个全新的物理学研究领域。所以一切都照常进行。后来我们才意识到，这个发现只算是冰山一角（在宇宙中还存在着众多的行星）。

当我得知自己获奖时并没有特别吃惊，因为我知道在这之前自己已经几次被提名过了。但是毕竟这已经距离我们做出发现过去了将近30年。这些年来，最开始我非常期待获奖，每年都非常焦急地等待。后来我认为这种状态很荒唐，所以就放弃了对诺贝尔奖的期待，完全忘记了这回事儿。当我真正获奖时，我确实完全没有在意。我当时正在开会，甚至不知道诺贝尔物理学奖是在哪一天宣布。但在得知自己真正获奖那一刻还是感到非常意外，毕竟优秀的物理学家太多了，奖却只有一个。世界上有很多杰出的发现并没有获得诺贝尔奖。时间、机遇、所在的科学团体等，有很多因素决定你究竟能不能获得诺贝尔奖。

现在，诺贝尔奖得主的身份对我有了极大的帮助，我有机会和不同领域的专家进行交流，并向他们解释。我们现在已经可以成规模地发现系外行星，但是我决定把自己的研究转向地外生命研究。我可能永远都得不到答案，因为这个课题难度太大了。但是我仍然可以为此做出一些积极的改变，因为我可以为这个研究领域的未来做一些准备。希望我可以再次创造出一个全新的研究领域——关于生命。

苗千：在1995年发现行星“飞马座51b”被称为“系外行星研究的革命”。你能介绍一下这个领域在“革命”发生前的状态吗？

奎洛兹：有两个原因让这个发现被称为“革命”。首先，在此之前人们已经花了很长时间去寻找太阳系外行星了，并且有了很多关于发现系外行星的虚假消息。从20世纪30年代开始，就不断有人声称发现了系外行星。这也就使人非常小心，因为在这个领域非常容易犯错。

其次，人们又非常渴望探测到系外行星。因为在恒星形成的过程中，在恒星周围会有材料的剩余，人们观察到了星盘的存在，在其周围会形成行星。

当时人们认为肯定有太阳系外行星存在，但是一直没有人做出肯定发现。直到我们做出了第一个发现，确定了那颗行星就在那里，这在当时是一个非常令人震惊的消息。在科学中你发现了一个，就意味着很可能存在着很多个。所以说这不只是一个发现，而是一场革命。

我们发现的这颗行星，并"不应该"存在，可以说它是一颗"不可能"的行星。因为在当时我们无法理解这颗行星的形成过程。（当时人们认为）在距离恒星这么近的距离不可能形成一颗类似于木星的行星，只有在距离恒星更远的距离才有可能——这是我们通过对太阳系的研究得出的理解。

关于行星的形成，我们做过很多模拟，也有很多理论，结果我们发现了一颗没人能够理解的行星。因此，这也逐渐成为一场革命。我的同事开始意识到还存在很多类似的行星。随着不断地发现，人们也不断地感到惊讶。到了现在我们才明白，大多数围绕着恒星运转的行星，都与太阳系中的行星大不相同。

地球才是稀有的。我们至今也没能发现与地球类似的行星。我们当然相信有一部分行星与地球类似，但是在这一部分当中也是各式各样的，（行星的类型）远比我们之前想象得丰富。我们所做的与哥白尼在 16 世纪所做的非常相似。就像哥白尼所说，其实不是太阳围绕着地球运转，而是地球围绕着太阳运转！我们证明了地球只不过是众多行星中的一个，而每一个行星都是不一样的。从这一点来说，我们延伸了哥白尼的工作。我想这也正是诺贝尔奖委员会所认可的工作——我们证明了太阳系行星系统只是众多的行星系统中的一种而已。

随后，我们可以观察自己，想一想该怎样才能制造一个和我们相似的行星系统，是不是必须有一个与我们的行星系统相似的系统才能够拥有生命？我想这个问题与宇宙的形成一样重要，这是关于宇宙中生命起源的想象。

苗千：有一个关于你个人的问题。在1995年时你还是一个博士生，而且你说过当时你还有半年左右的时间就要毕业了，在当时为什么要选择这么一个看起来没有希望的博士课题？

奎洛兹：实际上这（寻找系外行星）不是我的博士课题。我的课题是建造一个新的机器，并且试着用这个新机器进行科学研究，但绝没有想到能够用它来寻找行星。当时我的导师因为学术休假离开了，他把实验室的钥匙留给我，让我试着做一些工作，而我也需要更多的数据来解释我的工作。六个月后，我的导师回来了，我告诉他，我觉得自己意外地发现了一颗系外行星。

实际上，当时看着自己的观测数据，连我自己都感到难以置信，一开始我觉得一定是什么地方出错了。但我越是仔细研究数据，就越相信发现了一颗行星。我对这个发现感到有些害怕，我不想让自己难堪，也不想让自己的博士课题成为一个灾难。所以直到我完全肯定之后，才决定告诉我的导师。

苗千：你建造的就是那台叫ELODIE的设备？

奎洛兹：是的。实际上ELODIE是普罗旺斯天文台的工程师们建造的，而我是通过软件来操作它的科学家。把这个设备设置好，让它可以进行工作，可以和一个非常复杂的数据处理软件共同运行，是我博士课题的一个重要部分，这在当时属于一种全新的技术。在当时出现了很多新技术，比如感光耦合组件（CCD）、微型计算机、光纤……我们希望在这台设备上使用新技术。而作为一个博士生，我的工作就是用这个设备探索各种新技术的应用。当时有好几个科学项目使用这台设备，寻找系外行星是其中之一。但我的目的只是让项目开始，而非真正发现一颗系外行星。

苗千：所以说发现“飞马座 51b”完全是一个意外。

奎洛兹：我认为意外也是成功的一部分。如果不是我那样沉迷于挖掘和分析数据，就不会那么快地发现“飞马座 51b”。当时我在做我的博士课题，我必须极度认真，不能失败。有时候我会想，如果是在一个很大的组里面，有很多人在使用这台设备，虽然最终会发现这颗行星，但是不会像我这样快，因为我当时完全沉浸其中了。最终的结果是，虽然相比于其他几个组，我们晚了好几年，却是第一个做出了发现。所以我认为，我们成功的理由恰恰是我是个完全沉迷其中的博士生。

作为一个科学家，最富有创造力的时期就是在年轻时。当人逐渐变老，人的知识会增加，会更有智慧、更冷静，可以做更重要的决定，拿到更多的资助，但是创造力却是在人年轻时最为充沛的。人在年轻时，一切都没有限制，对很多事情还不了解，因此也就不知道害怕，因此会相信一切都是可能的——这就是年轻的特权。

你看这些诺贝尔奖，大都是老年人前去领奖。但如果看看他们是什么时候做出最重要的发现，你会意识到，他们大多是在 30 多岁时做出了最重要的发现。对于数学家来说，可能还会更年轻一些。所以对我来说，（发现“飞马座 51b”）并不算是一个惊喜，而只是我沉迷于分析数据的故事的一部分而已。

什么是“宇宙生命”？

苗千：从你在剑桥大学的主页上看，现在你的研究并不仅限于寻找系外行星，而且也包括寻找生命现象。

奎洛兹：是的，这是我在剑桥的新研究项目。现在我对于寻找和地球类似的行星非常着迷，这是发现生命形式的一条必经之路。

我的重点在于获得新的实验设备。你可能听说过类地行星搜寻实验（the terra hunting experiment），那是一个全新的项目。我们为此设计了非常精确的、最先进的光谱仪 HARPS3 instrument。我们用它长时间地观测少数几颗恒星，因为发现小型行星的关键就在于对恒星进行长时间的观测。我还打算接管一台太空望远镜，起码要能够使用一台望远镜一半的时间。我仍然在寻找系外行星，但这是为了寻找生命形式。

另外，我和我的朋友合作，在几年前开始通过凌星行星及原行星小望远镜（TRAPPIST）寻找行星。利用属于日内瓦大学的旧设备，我们建立了 TRAPPIST 观测台，并且取得了非常好的视野。所以我们希望继续观察小恒星，试着发现在其前面经过的类似于地球的行星。我们希望在未来的 15 到 20 年间能够通过这种方法对这些行星的大气层有所研究。

理解行星的大气层是最重要的。如果想要寻找生命，想要了解行星的地质学，就必须首先了解它的大气层。更重要的项目是在未来对这些行星进行直接成像。我正在和美国、欧洲的一些学者进行合作，希望在未来也能够和中国进行合作，因为中国对于太空探索有很浓厚的兴趣。这并不限于中国对于火星的探索，我也希望中国开始建造先进的太空望远镜，因为并没有太多的国家拥有这样的先进技术。

我希望能做出一些难度更大的尝试。正是因为我获得了诺贝尔奖，所以我可以去做这样的尝试。因为我不需要一定成功，我已经成功过了，所以我可以尝试失败，并且帮助未来的科学家进行研究。科学就是一代又一代科学家进行尝试的故事。在科学中，如果一个人已经取得了成功，例如我，那么他就必须懂得回报。回报的方法就是帮助年轻科学家开展新的科学项目，与他们一起工作，寻找生命的起源。这也是让我的工作依然有意义的一种方式。

苗千：你在剑桥大学网页上的介绍用到了“宇宙生命”（universal life）一词，能解释一下这个词的意思吗？

奎洛兹：所谓“宇宙生命”，指的是我们并不止关心地球上的生命，我们认为生命形式在宇宙中是一种普遍的存在。在宇宙中应该充满生命，把它们综合在一起，就是所谓“宇宙生命”了。也可以说这是宇宙中一个更为普遍的生命形式。但这是一个非常困难的问题，因为研究我们已知的非常容易，要研究未知的（生命）就很困难了。所以我们必须保持开放的心态。

我们只能从已知的地方开始，只能基于我们理解的生命开始研究，这是我们的底线。但是这样的底线并没有阻止我们拥有开放的心态，并且发问，如果生命的形式是（与地球生命形式）完全不同的，要如何认识生命？如果宇宙生命与地球生命非常不同，那么我们还能否创造生命？我们要如何展开研究？这正是我们必须要非常小心的地方，不要只沉迷于对地球生命的思考。

这也需要我们与天体生物学（astrobiology）分离开。天体生物学认为所有生命形式都与地球生命类似，然后再把生命放入极限环境之中。我想我们不应该从生物学的角度去考虑问题，因为当你需要生物学的时候，很可能已经太晚了——已经有生命存在了。

通过生命研究生命，这是非常有趣的，我完全不反对。但是我的想法是研究如何产生生命，生命究竟是什么——这就完全是另外一个问题了。因此我才使用了“宇宙”（universal）一词。因为你必须要考虑到（行星的）地质物理学、可能发生的化学反应、在当地可以选择的物质，还有当生命形式产生之后对行星造成的影响等。

所以说生命究竟是一种行星现象，还是一种（更普遍的）宇宙现象？在我们已知的行星上做出一丁点改变，行星的环境就会完全不同；构成行星的物质不同，大气层不同，会不会产生出不同的生命形式？我们希望离开传统的研究思路。我并不期待发现外星人，或像搜寻地外文明计划（SETI）一样（寻找高度智慧的外星生命）。我们寻找的是一种更加普遍的现象。

在我的诺贝尔奖演讲（Nobel lecture）中，我开玩笑说，所谓生命，就是当化学开始控制它自己的时候。当我们发现有一种化学反应开始进行，那时就已经太晚了。化学反应是自发产生的，你无能为力。当化学反应可以从外界获取材料进行处理时，那么这就已经是生命形式了。生命就是一种可以进行处理的机器，它有其自身的逻辑。

生命并不需要直接的化学反应，而是需要能够在附近发现有用的材料。生命形式所需要的材料越是基础，也就说明生命越发达。所有的生命形式都非常高效。我们（人类）一直在消化，我们一直在获取一些非常基础的材料——可能除了维生素，人类无法自己合成维生素——人类需要的其他物质都是非常基础的，我们可以自己合成所需要的物质。所以说生命是一种非常强大的机器。但在生命的开始阶段不会是这样的，它们需要一些已经存在的非常复杂的物质。但生命越是独立（于复杂的物质），就越是能够发展和进化。所以我才用了“宇宙”这个词（以表达生命的普遍规律）。

苗千：说到底，你如何定义生命？

奎洛兹：我们不想去定义生命。因为当你对什么有所定义时，也就代表了你对它有所预设。我们现在想要做的事情是，对生命进行“逆向工程”（reverse engineering），研究生命最初的形态。我们想要理解的是，通过我所拥有的材料，怎样才能制造出生命？我能够把已知的生命形式和什么联系起来？这就像乐高游戏一样，把不同的部件连接起来。想要做这样的工作，就必须在行星的土壤里进行。那么你都需要些什么？对这颗行星有什么要求？需要怎么样的岩石、土壤，怎么样的化学反应，怎么样的大气层、输送条件？这样就有了可以研究的对象，拥有了一个全球性系统。如果把生命因素也加入进去，它就会和全球性系统相互作用，对全球性系统做出改变。我们的想法就是发现这样的改变。

生命形式必须有某些化学物质，还有一些可以获得的必要成分。我们可以通过对原行星盘（protoplanetary disk）的观测判断行星中有哪些物质，预测在行星上可能发生的一些化学反应，预测一些物质在行星的位置，比如说在行星表面或海底、湖水或河水里等。可以把火星作为一个验证手段，因为火星和地球的初始环境非常相似。然后就可以对行星的环境进行模拟，试着复制更多行星的环境。我们希望通过我们已知的，对生命进行逆向工程，但是不做任何定义。因为对生命进行定义像是神学才会做的事情：对生命进行限制。

寻找下一个“地球”

苗千：在 2019 年，你预测人类将在 30 年内发现地外生命。现在你的观点是否有所改变？

奎洛兹：我仍然相信，因为在科学中充满了惊讶。我们可以对事情做出安排，比如我们可以计划建造高精度的太空望远镜等，这可能需要多于 30 年的时间。但是科学从来不等待，因为科学家们会不断地进行探测，会在不同的科学项目里通过不同的手段对不同的行星进行探测。所以说，未知要远远大于已知。从这个角度来说，30 年已经超出了任何科学家可以预期的时间，没有人知道在 30 年里科学会发生怎样的进步，甚至不知道人类社会在 30 年后是否仍然存在，因为人类是非常疯狂的，可能会自我毁灭。

正因为如此，我才设定了 30 年，这是一段非常长的时间。惊喜随时可能到来，也许明天就会有所发现。我们应该做好准备，因为在很多的国家有很多实验室，科学家正在寻找。我们已经取得了一些进展，具有了足够的化学知识和天文学知识，也有先进的太空望远镜……人类是一种很了不起的物种，我们也在期待着了不起的发现。

苗千：大多数的系外行星都距离地球有数十光年，比如说“飞马座 51b”距离地球 51 光年。那么究竟要做出什么发现，才算是发现了地外生命的确定信号呢？

奎洛兹：这是一个很好的问题。说实话，我认为我们并不能一下子发现非常切实的证据，因为任何证据总是会有模糊性的。我们只会不断加深对某一方面的理解。所以说除非我们发现了一颗行星，它在各方面都和地球完全一样，我们会说那是另外一个地球，在上面肯定有生命存在。除此之外，发现生命就会非常困难了。

我们所依靠的是统计学。因为有如此之多的恒星，我们并不会建立起一个非常清晰的图像，例如直接在某个行星上发现动物，而是寻找只在某些行星上可见的特征。我们需要逐渐建立起一幅关于宇宙中行星生命的画卷。这种画卷在一开始非常模糊，很难辨认，但在积攒了足够的细节之后，人们就可以在其中有所发现。我想这才是我们寻找宇宙生命的方式。当我们有了更先进的仪器，在未来 20 到 30 年里我们会集中观测某些恒星周围的行星。

这样的图景很美妙。我们目前发现，类似于地球的行星非常稀少。我发现了与地球类似的行星，但是没有发现大气成分与地球一致的行星。这是一个很有意思的问题，地球如何获得了现在的大气成分？地球如何演变成了今天这样的状态？我们需要逐渐获得答案。这与我们对太阳系的研究有很大不同，因为我们真的可以到达太阳系的天体，不光是火星。我想我们也必须返回金星，因为金星还有很多谜团。我们也希望能够探索太阳系中巨大行星的卫星，比如木卫二（Europa）和土卫二（Enceladus）。我们必须去探索它们，而且肯定会去探索它们。我们还可以利用机器人，把这些天体的样本带回地球。这些事情早晚会实现，而且用不了太久的时间。

我们永远都去不了那些系外行星，但是我们仍然可以做很多事情，比如用卫星进行遥感探测。我经常和一个生化学家朋友聊天，他对我说，他只有一种生命（地球生命）可以研究，而且将会研究它的每一个细节。而我告诉他，我会以非常粗略的方式研究上百万种的生命形式。综合起来，我们研究的是同一个对象，彼此必须吻合。我们必须在其中发现普遍规律。这正是面对同一个问题的两种方法，这也是我对这个领域发展前景的看法。天文学家研究上百万种宇宙生命，一开始我们并不知道其中的规律，但是规律会逐渐显现出来。

我认为这正是这个领域的迷人之处。科学交流就在于科学家之间相互交换理念。对我来说，我不仅是在和相同领域的科学家一起工作，也是在和不同领域的科学家一起工作。我们希望相互学习，建立起一个共通的知识体系。

苗千：你已经发现和研究了很多的系外行星。那么你认为太阳系最独特之处在于什么?

奎洛兹：这个问题也很令人困扰，因为看上去太阳系是独一无二的。但我想太阳系并非独一无二，只不过我们还没有发现类似的星系而已。我们发现过与地球质量相似的行星，与地球大小相似的行星，也发现过与木星类似的行星，但是还没发现过距离恒星和地球与太阳距离一样的行星。我们知道一定存在这样的行星，现在有了新的技术、新的仪器，一定会发现与地球类似的行星。

人类是一个充满好奇心又危险的物种

苗千：你并不信仰宗教，但是你说“科学从宗教那里继承了很多东西”。能够说一下你所理解的科学和宗教的关系吗？

奎洛兹：人类是一个充满好奇心的物种，而人类又面对很多的谜团。想象一下，在一万年前，人类看到那么多的自然场景，面对那么多的谜团，一切都显得非常神奇。人类对此的理解，就是我们生活在一个神奇的世界里。这和现在也有相似之处。很多小孩子就相信自己生活在神奇的魔法世界里，充满了各种想象。实际上人类非常善于想象。拥有想象力是充满创造力的一种代价，我们拥有一种能够“看到”并不存在的事物的能力。对我来说，这就是宗教存在的原因。

宗教的作用在于帮助人们找到一个框架，帮助人们在其中生活。我认为这并没有什么不好，也可能帮助人们生活得更好。生活本身可能会非常艰难。人每天的生活都要经历很多困难，还有很多情感上的因素等，人们对此当然会有很多不合理的理解。直到许多年前，在希腊的小岛上，人们开始用理性思考。人们认识到，在所看到和感受的事物后面，一定还有某些更重要的真实。这种思维方式才产生了现代科学的源头。这也需要一些技巧，因为人类的感知能力非常有限。但是当我们发展出了器具，加上数学能力，就能够继续向前，提高逻辑能力，理解抽象事物，不断扩展大脑中的认知。但是在一切的源头，我想人们都是相信所谓魔法的。我们都习惯于面对未知事物，而在其中也蕴含着创造力。这就是我所说的“继承”。

苗千：你认为人类是否有一天会离开地球生活？

奎洛兹：我想人类是地球上唯一一个想要离开地球的物种。人类确实可以离开地球，但是问题在于人类多年来的进化都是为了适应在地球上的生活，而且现在人类可以在地球上生活得很好。人类一旦离开了人类的自然栖息地，可能就意味着死亡。对于人类来说，太空很可能意味着死亡。人类不可能在太空中像在地球上一样生活。

我们可以想象，在火星上的生物必然会和地球生物有很大不同。火星生命必须能够抵御紫外线、习惯没有氧气的环境等。而人类作为一个地球物种，我们除了地球别无选择。人类想去火星是可以理解的，人可以去火星度假几个月，做一些勘探工作；也可以去月球，在月球上建立一个基地。但是人类早已适应了地球的重力，习惯了地球的氧气含量，在这些方面无法做出改变。

苗千：下一代进行系外行星探测的望远镜会不会是在太空中工作？

奎洛兹：不只是这样。我想我们还要继续探测火星。探测火星对于我们理解生命很关键。人类不一定需要前往火星，可以制造出机器人去火星，取得火星样本带回地球。

我们也需要在地球上建造更大的天文望远镜。在地面上进行的天文学探测已经取得了很大的进展，而且我们也知道了怎么对付大气层带来的影响。在很多情况下，我们并不一定非要在太空中进行探测。所以在地面上进行探测，建造 40 米口径的天文望远镜才是最关键的。我还在期待着下一代 100 米口径的天文望远镜。人们已经知道如何建造这样的望远镜了，只剩下资金和寻找场地等问题需要解决。在地面上建造的天文望远镜是可以持续使用很长时间的设备，就像是金字塔一样。人们需要很长时间去建造，望远镜会成为地标性建筑，并且在其中应用很多科学设备。

同时我们也需要考虑在太空中使用一些特定的设备去解决一些特定的问题。我们需要在太空站里对系外行星进行直接探测，需要用太空望远镜对系外行星进行持续几天的观测，观测它的自转等。这些是我所需要的下一代观测仪器，在地面上对于一些与地球类似的行星进行观测。而下一代的科学家会使用太空望远镜，或是地面上超大的望远镜进行观测。这是我所预测的在未来 30 年会发生的事。当然，也许人们仍然没能发现生命，还需要再下一代的设备进行观测。但是人类不会停止，科学就是一代又一代科学家的故事。因为对于人类来说，寻找生命是最重要的科学问题之一。另外，如果曾经有生命形式在其他行星上发生了自我毁灭，我们也有可能发现其中的痕迹，这也有可能反映出人类自身的问题。

苗千：你认为有没有一丁点可能，人类能够发现文明水平不亚于人类甚至比人类更先进的地外文明？

奎洛兹：坦白地说，我不知道，但是我对于文明本身充满了忧虑。人类制造了如此之多的核武器。即便不是一场战争，哪怕是一次意外，都可能毁灭人类。作为地球上的一个物种，我们社会中充满了危险。我非常严肃地问自己，人类是否注定会灭亡？因为人类的一些行为非常疯狂。

想要找到比人类更先进的文明，我认为可能性非常低，因为人类可能并没有足够的时间。人类需要更多的时间去发展技术，制造更先进的仪器。但是有了更先进的技术，即使不去使用它，人类也会变得更强大、更危险。我不想显得消极，但是想想人类的历史，这既是一部成功的历史，同时也说明了为什么人类可能注定会毁灭。

赖因哈德 · 根策尔

我们把银河系中心的黑洞作为一个实验室

引子

德国天体物理学家赖因哈德·根策尔（Reinhard Genzel）1952 年出生于法兰克福。在波恩大学获得博士学位之后，根策尔曾经在美国和德国多家学术机构进行研究工作，目前在美国加州大学伯克利分校和德国马克斯·普朗克研究所任职。从 20 世纪 90 年代开始，根策尔就开始主要利用红外线对银河系的中心区域进行观测，最后终于通过坚实的观测证据证明了在银河系的中心区域存在着一个大约相当于 400 万个太阳质量的超大质量黑洞“**人马座 A***”。

> 小知识
>
> 人马座 A*
>
> 人马座 A*（Sagittarius A*）指的是位于银河系中心的一个超大质量黑洞，位于人马座和天蝎座的边界附近。它距离地球大约 26000 光年，质量大约为太阳质量的 430 万倍，是距离地球最近的黑洞。

因为“发现了我们星系中心的一个超大质量的致密物体”，根策尔与美国科学家安德烈娅·盖兹（Andrea Ghez）、英国数学家和物理学家罗杰·彭罗斯（Roger Penrose）共同获得了 2020 年诺贝尔物理学奖。关于对银河系中心黑洞的观测以及银河系的未来等问题，根策尔教授通过电子邮件接受了我的采访。

造人的银河系中心

苗千：在你的诺贝尔奖演讲中，你把人类对于银河系中心区域的观测描述为一个“历时 40 年的旅程”。人类为什么对于银河系的中心区域如此痴迷？这个旅程仍然在继续吗？

根策尔：很长时间以来，人们都认为爱因斯坦的广义相对论所预言的黑洞只是一种理论上的存在而已。但是到了20世纪60年代，类星体被证明是一种银河系外的天体，而唯一一个能够解释为何这种距离我们如此遥远的天体看起来又是如此明亮的理论就是在它们的内部都存在一个高质量的黑洞。

小知识
类星体

类星体（quasars）是类似恒星的天体的简称，这是宇宙中一种非常明亮的天体，与脉冲星、微波背景辐射和星际有机分子并称为20世纪60年代天文学的“四大发现”。目前人类认为类星体是一种极度明亮的活动星系核。

对于人类来说，这些类星体距离太过遥远，无法研究它们的细节，进而证实我们的假设。人们开始怀疑，在星系的中心，尤其是我们银河系的中心，有没有可能存在着这样的一个物体？而这正是我们在20世纪80年代准备证明的一件事情。到了现在，我们终于确定在银河系的中心有一个超大质量黑洞。下一步就是把它作为一个实验室，在它周围具有超强引力场的区域对广义相对论进行进一步的验证。

苗千：与你分享2020年诺贝尔物理学奖金的安德烈娅·盖兹同样也带领一个研究团队，利用凯克天文台（Keck Observatory）的近红外线相机对着同一个目标进行观测。当你们对银河系的中心区域做出决定性的观测时还有没有其他研究团队也在进行这项研究？你如何评价这种科学研究中的竞争和合作？

根策尔：对银河系中心区域的恒星进行观测是非常困难的：星际

尘埃会阻挡我们的视线，而这些恒星（看起来）又是这么小，因此你需要拥有极高分辨率的设备，只有最好的天文观测设备才能满足这些要求。我们使用的是位于智利的欧洲南方天文台（European Southern Observatory）的甚大望远镜（very large telescope）；而美国的研究组使用的则是位于夏威夷的凯克望远镜。两个研究组取得了相同的观测结果，这对于科学界来说就显得更加值得信赖了。这也说明了科学是如何进步的：你的研究结果需要其他人的独立确认才会被接受。

苗千：我们星系的未来又将如何？它将会分崩离析，或最终一切物质都将坠入星系中心的黑洞？

根策尔：我们的星系基本上是非常稳定的。像太阳这样的恒星都有固定的轨道围绕着银河系的中心运转。所以，从理论上来说银河系可以永远存在——但是实际上，在大约 40 亿年之后，银河系将会与临近的仙女座星系（Andromeda Galaxy）相撞。

苗千：相比于整个银河系的质量来说，银河系中心的超大质量黑洞“人马座 A*”的质量（大约相当于 400 万个太阳质量）并不算太大。那么为什么看上去整个银河系都在围绕着这个黑洞运转？黑洞“人马座 A*”仍然在继续变大吗？

根策尔：准确来说，银河系是在围绕着它的重心旋转，而这恰好是黑洞“人马座 A*”所在的位置。在银河系的中心区域，已经没有太多的物质可以落入黑洞了。几年前，我们观测到黑洞周围有一些气体受到了黑洞的扰动，像这样的物质仍然可能落入黑洞中——但这只是些质量相对不大的物质。所以说，黑洞“人马座 A*”不会再有大幅的增长了。

苗千：你有没有利用太空望远镜，例如詹姆斯·韦伯太空望远镜（James Webb space telescope）对银河系中心区域进行观测的计划？我们能够利用什么样的方法来穿透银河系中心区域的灰尘，进行更高精度的观测？

根策尔：我们需要大望远镜来观测银河系的中心区域。所以我们应该会继续使用地面上的太空望远镜进行观测。当然，我们的研究组正在对一些其他物体进行观测，例如一些更加遥远的星系以及一些正在形成恒星的区域。所以，在2009年，我们加入了赫歇尔项目（Herschel Space Observatory，欧洲空间局发射的一个太空望远镜），把先进的光电导阵列照相机和分光计（photoconductor array camera and spectrometer）安装在了这个太空红外望远镜上，而且取得了很多成果。你总是需要从自己所研究的问题出发，然后才能决定什么才是解决这个问题的最佳方法。

黑洞给我们出了许多谜题

苗千：也有很多人在讨论可以在月球的背面建造一个太空观测基地。如果真的建成这样的一个基地，会不会对人类观测银河系的中心区域有所帮助？

根策尔：简单的回答是：不会。在月球背面建造一个巨大的太空望远镜，费用过于昂贵。另外在月球背面进行太空观测的条件，比如说没有大气层，也没有灯光的干扰，实际上并不比我们现在在智利的沙漠地区进行太空观测的条件好很多。

苗千：你在银河系的中心区域观测到了很多以极高速度运行的天体。有没有从中发现过任何迹象，在这种极端条件下，出现了超越广义相对论的新物理学？

根策尔：直到现在，我们所观测到的一切现象都符合广义相对论的描述。实际上，现在我们把银河系中心的黑洞作为一个实验室，对广义相对论进行验证。而且我们也非常好奇，能否观测到一些极致的现象，只有通过新的物理学理论才能够解释。

苗千：你计划对临近一些活跃星系的中心区域进行观测。相比于银河系中心的黑洞“人马座 A*”，那些天体的距离会更远上数百倍。相比于对银河系的中心区域进行观测，对临近星系进行观测最大的困难和不同在哪里？

根策尔：对于这两种观测，我们都需要极高的分辨率。我们利用甚大望远镜阵列的 GRAVITY 设备，可以分辨出银河系中心的恒星；而在观测其他星系的中心区域时，也可以观测到气体的流动情况，特别是分辨出高速运动的气体所构成的活跃星系核的宽线区。在观测一些更大尺度的目标时，我们也可以使用其他观测设备，并且把在其他频率的观测结果进行参考和对照。

小知识

宽线区

宽线区（broad line region）是活动星系核的一个组成部分。所谓活动星系核是星系中心区域的一个非常亮的核源，由星系中处于中心位置的超大质量黑洞的吸积作用驱动发射辐射。因此宽线区通常位于星系中心黑洞的吸积盘附近，其中的气体非常热，并且以高速运动。

苗千：人类有没有可能观测到在宇宙诞生最初 10 亿年内出现的原初黑洞？

根策尔：再过几年时间，一个 40 米直径的望远镜，欧洲极大望远镜（extremely large telescope）将开始进行观测。对于这个望远镜，我们正在建造它的第一个光学部件 MICADO。我们希望通过这个望远镜能够观测到宇宙中最早形成的星系，观察黑洞如何在其中形成、成长，以及观测其他一些有趣的天体。

苗千：是否在每个星系的中心区域都存在一个超大质量的黑洞？我们是否只能够在星系的中心区域观测到超大质量黑洞？有没有可能在宇宙的其他区域也能发现类似的黑洞？

根策尔：是的，我们相信在每个星系的中心都有一个超大质量黑洞。大多数的星系演化模型都预测了星系和其中的黑洞共同成长——星系越大，其中心的黑洞也就越大。所以我们并不认为这样的超大质量黑洞可以独自成长。

苗千：你是否认为对于星系核心区域的观测有助于人类理解暗物质和暗能量的本质？

根策尔：并不会。暗物质和暗能量是在更大的尺度上的问题。在星系的中心区域，我们只能观测到非常集中的普通物质。

苗千：现在你对银河系最大的困惑是什么？

根策尔：现在我们已经确定了，在银河系的中心区域确实存在一个超大质量黑洞，但是我们还没有完全探明它的各种性质：它是否具有自旋？“黑洞无毛定理”是否依然成立？我还可以列出更多的问题……如果我们把银河系的中心当作一个实验室来研究广义相对论，我们也可以对量子效应有更深刻的理解——在这个领域还存在着很多开放性的问题。

小知识

黑洞无毛定理

美国物理学家约翰·惠勒认为，黑洞应该只有质量、角动量以及电荷三个不能转变为电磁辐射的守恒量，其他信息则全都丧失了，几乎没有形成它的物质所具有的任何复杂性质，黑洞也不存在其他形态，因此称为黑洞无毛定理（no hair theorem）。

卡洛·罗韦利

科学本身就是一场大辩论

卡洛·罗韦利
CARLO ROVELLI
意大利理论物理学家

引子

卡洛·罗韦利可以算是一位“非典型物理学家”。他爱好广泛，喜欢旅行和阅读哲学著作，热衷于文学和政治。他自称在少年时期对于自己以后的人生毫无规划，进入大学之后选择学习物理学，也仅仅是觉得物理学“比较有趣”而已。或者用他自己的话说，他是一个典型的意大利人，热爱生活中的一切。

这样的一个意大利人，在大学即将毕业的时候才感受到了物理学的迷人之处，感觉自己对于物理学的感觉“就像是陷入了恋爱”，决心终身从事物理学研究。成了物理学家的罗韦利也不愿循规蹈矩。在物理学最前沿的量子引力研究领域，他开创性地提出了“圈量子引力理论”，对于看上去难以理解的量子力学，他也独树一帜，提出了自己独特的理解“关系性量子力学”。除此之外，他还面向普通读者，以富有诗意的语言书写了多部科普著作，被翻译成几十种语言，拥有数百万的读者。

> 小知识
>
> **关系性量子力学**
>
> 关系性量子力学（Relational Interpretation of Quantum Mechanics）是一种解释量子力学的观点，其核心思想是所有的物理现象都相对于一个特定的观察者。这意味着不同的观察者可能会对同一个物理系统赋予不同的描述。这个观点受到了广义相对论的启发，强调了观察者和参考框架在描述量子现象时的核心角色。

罗韦利教授目前在艾克斯 - 马赛大学（Aix-Marseille Université）担任理论物理学教授，他的办公室坐落在马赛郊区一个崭新的大学城区域。从马赛市中心坐车半个多小时，我见到了头发斑白的罗韦利教授。他的办公室是标准的书房布置，其中最醒目的就是占据了一面墙的书架，上面除了各种物理学书籍，我还看到各种哲学著作，其中还有一本英文版的《庄子》。在他的办公室里，罗韦利教授谈起了他的研究领域、科学和哲学的关系，以及自己创作科普书籍的初衷。

物理学家应该了解一些哲学

苗千：能否介绍一下你的研究领域？

罗韦利：我所研究的是量子引力理论，这是一个巨大的、开放性的问题，也是物理学的核心问题。这个理论希望把量子力学和爱因斯坦的广义相对论结合在一起。在大学时代我读到了一个英国物理学家发表的一篇综述文章，认识到了这个问题，我明白量子引力理论是要解决一些关于真实性的大问题，比如什么是空间、什么是时间的问题。这让我很着迷，因为一直以来我都被这些深刻的哲学问题所吸引，所以说量子引力问题不仅是真正的科学问题，同时也关系到如何理解这个世界。

苗千：你谈到了自己对于哲学问题的兴趣，那么现在哲学对你来说意味着什么呢？

罗韦利：我的一些同事认为“哲学已死”，但我认为他们是错的，因为在物理学家和哲学家之间总是会存在着某种对话。牛顿阅读哲学著作，爱因斯坦也阅读了很多哲学著作。爱因斯坦在15岁的时候就读了康德的三大批判，他对于哲学有深刻的兴趣，他还阅读马赫、叔本华，还包括很多其他的哲学家。海森堡、麦克斯韦，都阅读哲学著作。伟大的科学家都是非常热衷于学习哲学的。同样，伟大的哲学家也会认真地学习科学知识。科学和哲学当然是不同的领域，人们不应该把它们混为一谈，但是我想在它们彼此之间有很多需要相互理解的东西，而且两者的目标也是一致的，都是为了理解这个世界。所以，我想对于哲学完全不在意的物理学家会显得浅薄；同样，不理解物理学的哲学家也会显得浅薄。直到现在，我一直都在阅读哲学著作，实际上我现在正在读一位中国哲学家的作品《庄子》，这是一本了不起的书，有很多有趣的故事，对于现实也有很深刻的思考。我非常喜欢这本书。

苗千：在牛顿时代，物理学家被称作“自然哲学家”，爱因斯坦自称是一位“马赫主义者”。但是现在，哲学还能够给你带来灵感吗？

罗韦利：是的。要做量子引力研究，有很多技术问题，涉及方程、几何学等，还涉及了实验方面的问题。但是还有一些理念性的问题，比如说如何从不同的角度去理解时间。（在这方面）我参加了很多哲学会议，下个月我还要去纽约参加一场关于物理学基础问题的哲学会议，我经常与那些对物理学感兴趣的哲学家进行对话。我想现在关于如何去理解量子理论，很多物理学家感到非常迷惑，而哲学家可能提供帮助。

苗千：一些科学家认为，必须分清楚数学中的“定理”（theorem）与物理学中的“理论”（theory）。现在很多理论物理学中讨论的理论，实际上是数学定理。那么这是否意味着在理论物理学中关于科学的定义已经改变了呢？

罗韦利：我希望这个答案是否定的。在物理学中有很多推测，也有很多定理，可能确实有点太多了。但是直到我们能够通过实验去验证它们之前，它们都没有任何价值。所以验证科学的标准必须是扎实的，并且一直被保持下去。进行推测是好事，但是必须要得到实验的验证。就算爱因斯坦的理论，也是被实验反复验证了之后才被接受的。所以我们自己必须保持清醒，明白自己想要探索的是什么，自己已经理解了什么。

对于不同的量子引力理论都很难获得实验验证，这也是它们目前仍然是两个理论的原因之一。关于弦理论和我自己所研究的圈量子引力理论，目前没有人知道哪个理论是正确的，也许它们都是错误的，但是我们可以从中学习，设计新的实验。科学研究并不是关于“是”或者“否”。你需要不断地积累证据，一步一步地达到某一个目标。最近我们所理解的一点就是并不存在超对称粒子（supersymmetric particle）。有很多人对于这种粒子抱有期待，科学家们在日内瓦的欧洲核子中心进行了实验，很多人希望大型重子对撞机（LHC）能够发现这种粒子，但是没有，这让发展超对称理论和弦理论都更加困难了——这是来自自然的信息。还不断有新的数据涌现出来，比如来自宇宙学的观测，我希望通过这些数据，人类对于自然界的认识能够逐渐清晰。

意见不同、相互批评是一件好事

苗千：你是两个重要的量子引力理论之一的圈量子引力理论的创始人之一，能否用简单的语言介绍一下这个理论？

罗韦利：这个理论的目的就是研究量子引力，把量子理论和爱因斯坦的理论融合在一起。爱因斯坦的理论是关于空间和时间的，量子理论也是关于我们所生活的空间的。在量子理论中一个重要的预测就是颗粒化（granularity），比如说光是由光子（photon）构成的，它们是构成光的粒子，是“光量子”。因此我们推测，我们所居住的空间，在非常小的尺度下也是量子化的。圈量子引力理论是一个数学理论，描述空间的这种“颗粒”。

小知识

光量子

人类花费了数百年的时间研究光的本质。在历史上，曾经有光的“微粒说”和“波动说”。直到20世纪物理学革命爆发，出现了量子力学，人类才理解光具有“波粒二象性”。在很多场景下，光的波动性是显著的（如干涉和衍射），但在某些情况下，光的粒子性更为突出，这种粒子性是由光量子（quanta of light）来描述的。光量子是一种质量为0的粒子，它在真空中以光速移动。

在数学上，我们认为空间是连续的。你可以对它进行任意次数的切割；但是在物理学中，空间很有可能并不是连续的，存在一个最小的空间构成，就像一个个微小的“砖头”构成了空间。圈量子引力理论正是描述这种颗粒化的空间构成的理论。而且它们之间是相互接触的，你可以发现“圈”之间的联系，所以它才被称为“圈量子引力理论”——不同的颗粒之间是在相互运动的。它们之所以被称为“圈”有一定的历史原因，这些最基本的颗粒是三维的，它们之间可以相互演化。

苗千：我与一些弦理论学家交流过，他们对圈量子引力理论并不十分信服。他们认为爱因斯坦的广义相对论在极小的尺度下很可能是不成立的。你对此如何回应？

罗韦利：我想，从历史的角度来说，弦理论和圈量子引力理论是从不同的科学家群体中涌现出来的。弦理论来源于粒子物理学，在粒子物理学中人们忽略掉广义相对论，从文化上和数学上来说，弦理论是植根于粒子物理学的：没有引力，就没有弯曲的空间。粒子物理学家和弦理论学家们认为存在着一个空间，各种物体在空间中运动。

而圈量子引力理论起源于研究广义相对论的物理学家，其中一个主要思想就是空间本身是引力场，它是活跃的，有自身的动力学。在极小的尺度下，广义相对论可能确实是不成立的，但是在极小的尺度之下，空间必定是不存在的。所以说，这是两种不同的理念，我们不知道谁才是对的。很多人和我一样，认为弦理论是错误的，弦理论学家们并没有意识到广义相对论最全面的应用；而弦理论学家们认为我们是错误的，因为我们不理解他们认为重要的方面。

这是一件好事，因为科学本身就是一场大辩论。目前并没有人知道最终的解决办法，有各种不同的意见，我们之间相互批评是一件好事。因此，对于这个问题，我的具体回答是，在极小的尺度下，广义相对论的形式可能会发生改变，这当然是可能的。但是关于时空本身是一种量子场，它是颗粒化、量子化的，对于这一点我们已经理解，是不会改变的。

苗千：但是基于这一点，弦理论认为时空是 10 维或是 11 维的，而圈量子引力理论认为空间是 3 维的。

罗韦利：是的。为了让弦理论可以自圆其说，他们必须把时空拓展到 10 或者 11 个维度，需要包含超对称和各种各样的量子场，形成了一个庞大的结构，但是关于这些目前我们并没有任何证据。我们没有关于多余维度的证据，也没有关于超对称理论的证据，弦理论做出了许多预测，其中很多是错误的。比如说，弦理论预测宇宙常数是负值，但是当宇宙常数的测量结果是正数时，弦理论学家们并不相信，他们认为可能是测量出了问题。

苗千：那么圈量子引力理论如何解释暗能量呢？

罗韦利：圈量子引力理论与取正值的宇宙常数是相符的，因此暗能量只是取正值的宇宙常数的表现而已。1917 年，爱因斯坦在他的公式上添加了一项，这可以预测宇宙的膨胀。所以说，我们可以从不同的侧面来理解一件事，对我来说，我认为在过去的几年里，各种迹象都表明超对称理论不成立，弦理论不一定成立，而对于圈量子引力理论是有利的。

苗千：这是因为圈量子引力理论的一些预测被证实了吗？

罗韦利：目前无论是根据弦理论还是圈量子引力理论做出的预测都没有办法去验证。这些预测都太难去证实了，当然有很多人在为此努力。但是弦理论做出了一些预测，比如预测在欧洲核子中心里可以形成黑洞，这

小知识

霍金蒸发

“霍金蒸发”是英国物理学家史蒂芬·霍金在 1974 年提出的一个概念。从热力学的角度出发，黑洞并不会一成不变，而是会逐渐“蒸发”。根据量子力学的描述，在真空中会不断有“粒子－反粒子对”出现和湮灭。而根据“霍金蒸发”理论，如果在黑洞的“视界”边缘出现“粒子－反粒子”的虚粒子对，其中的一个粒子进入黑洞，而另一个粒子逃逸，就可能造成黑洞质量的减小，相当于黑洞发生了“蒸发”现象。在这个过程中黑洞所发出的辐射被称为“霍金辐射”。

不是事实；它预测宇宙常数是负值，这也不是事实；它预测超对称理论可以在欧洲核子中心被证实，这也不是事实。

我目前主要研究黑洞。根据圈量子引力理论的预测，黑洞会发生蒸发，也就是所谓“霍金蒸发”，而且黑洞也有可能转变为“白洞”（white hole）。我们现在正在研究，根据这样的预测，在宇宙学观测中会发现什么样的信号。

白洞就是在时间上反转的黑洞，它与黑洞是对称的。比如说对于黑洞来说一切东西都可以进入，但是没有东西可以逃脱，而白洞则是一切东西都可以逃脱，但是没有东西可以进入。如果你对一个黑洞录像，然后反着播放录像，这就是白洞了。目前人们认为白洞并不存在，但它是可能存在的。在很长的时间里，人们都认为黑洞并不存在，但是现在大家都相信黑洞存在了，对于白洞来说也可能一样。

苗千：目前已经发现任何可能是白洞发出的宇宙信号了吗？

罗韦利：现在还没有。有一些信号，比如一些宇宙射线，一些快速射电爆发，它们可能来自白洞，但是还都不能确定。

苗千：目前看起来，圈量子引力理论和弦理论是两个相互竞争的理论，在未来，这两个理论有没有可能融合在一起？

罗韦利：是的，确实有人做出这样的预测，也有物理学家试着去这么做。人们可能会从不同的角度去尝试，但是在目前来说我还没看到任何成功的迹象，当然还是有这种可能的。一个好的理论是能够做出预测的，我们就可以通过实验去验证这个理论成立与否。如果我的理论是正确的，经过计算显示，当一个黑洞蒸发消失了，它会转变为一个白洞并且发射出一些宇宙学信号，我们就可以通过天文学家去寻找一些特定的信号——如果他们发现了这些信号，这就会是理论成立的证据，说明理论是正确的。这种情况是经常发生的，科学家们对一些事情感到困惑，然后出现了理论。一些理论因为没有实验证据的支持或是出现了相反的证据而消亡了，也有一些理论被证实是正确的，比如麦克斯韦的理论、标准模型、广义相对论等。这些美丽的理论让我们可以去理解这个世界，对这个世界产生一些直觉，并且由此再发展出技术。

苗千：目前对于圈量子引力理论最大的困难是什么？

罗韦利：我想目前来说它已经是一个比较成熟、比较完整的理论了。目前对我来说最大的困难就是我刚才说的，检验这个理论所做出的预测，所以我才需要去观测黑洞和白洞的信号。奇怪的是，我们在天空中发现了黑洞，不是少数的几个，而是数百万的黑洞。物质进入黑洞，但是具体发生了什么，我们却一无所知，这是一个尚未解决的问题，物质落入所谓“奇点”。在那里量子引力理论就非常重要了。如果我们有了一个正确的量子引力理论，我们就可以理解在奇点究竟发生了什么。

苗千：人类可能需要花费数百年的时间来发展出一个极其复杂，甚至没法验证的数学架构，你是否认为物理学逐渐在演变为形而上学？

罗韦利：不，我想人们必须习惯这种情况。就像我们理解地球是圆的，人可以在上面走。这在一开始是很难理解的，现在则变成了一个很平常的知识，就是小孩子也可以理解。当麦克斯韦发表了电磁场理论时，也是显得非常奇怪的。现在我们有了广播和电视，电磁波也变成了一种普通的事物。科学改变了人们的认知，这些先进的理论在一开始显得非常晦涩，因为我们当时还不了解。但是当我们开始尝试去理解的时候，这些概念就会显得很普通了。爱因斯坦的理论预测光速是可变的，这在一开始是非常奇怪的，但是现在人们已经对此习以为常了。

“时间”令人迷惑，宇宙常数并非为人类而调整

苗千：你谈到了地球是圆的这个概念在一开始给人们带来了很大困惑，那么时间这个概念对你来说是什么样的呢？你在自己的书里谈到很多关于时间的话。

罗韦利：是的。时间有很多令人感到迷惑的特征，也有很多方面我们现在还不了解。我最新的一本书的题目就叫作《时间的秩序》。我认为“时间”是一个非常有魅力的话题，这有两方面的原因：首先是因为它的本质和我们凭经验直觉所感受到的完全不同，我们对于时间的很多特征非常不习惯。另外也是因为时间有很多神秘的特征，我们现在还不完全理解。对我来讲，我对于探索时间的本质有一种痴迷。

苗千：时间会否像引力一样，在不同的宇宙环境中有完全不同的方向？

罗韦利：在某种意义上说，是可能的，虽然这听起来更像是科幻。在这方面，理论物理学家们需要做出努力，不要走得太远。我想现代

物理学的一个问题就是理论和实验之间的距离太远了。在很多物理学期刊上发表的论文，和实际毫无关系。在某种意义上说，这是可以的，因为人们必须尝试各种可能，但是人们最终还是要回到现实。

苗千：对于量子力学的解释对你来说是一个重要的问题吗？

罗韦利：是的。我认为这是一个非常重要的问题，在这方面我做了很多努力。我想这是一个开放性的问题。我提出了一种对于量子力学的理解，称为“关系性量子力学”，这是对“哥本哈根诠释”的一个变异。我并不相信所谓多重宇宙，这也是科学家和哲学家之间最常讨论的话题之一。想要研究量子引力问题，人们就需要正确地应用量子力学，这就需要对于量子力学有正确的理解。所以说这两个问题是相通的。和其他几个人共同提出关系性量子力学，对我来说是正确的解释，但是我也明白量子力学是非常奇特的，这个世界是非常奇特的。一个事情可以从不同的角度去理解，也许我们保存对量子力学所有的理解是一件好事。并不一定说某一个理解是完全正确的，而某一个理解就是完全错误的。

苗千：你说到自己不相信多重宇宙，但是关于多重宇宙的理论有着不同的版本。

罗韦利：我不相信多重宇宙，无论是量子力学领域的多重宇宙还是宇宙学领域的多重宇宙，我都不相信。当然，在宇宙学领域的多重宇宙可能会得到实验的证实，但是目前我还没有看到关于这方面的实验证据，我只能说这样的理论并不让人信服。

科学是关于通过一些简单的事实来解释我们观察到的世界的。有些人相信多重宇宙的理由是这个理论可以用来解释宇宙学常数，但是我们看，牛顿只用了一个常数（引力常数）就解释了一切——一个常数解释无数的现象；而现在我们希望用无数的宇宙来解释一个常数，这就是本末倒置了。当然，如果出现了令人信服的实验证据，我也愿意改变我的看法。多重宇宙理论并不愚蠢，并不是不可能，也不是不科学，只是到现在我还没有看到足够的证据。

小知识

引力常数

引力常数是用来表示物体之间万有引力作用的一个基本常数，通常表示为G。牛顿的万有引力定律描述了两个物体之间因为各自的质量会产生相互的引力作用。万有引力在日常生活中表现得并不明显，但是在宇宙尺度上，却是一种支配性的作用。爱因斯坦的广义相对论修改了牛顿的万有引力定律，其中仍然包含了引力常数。

苗千：有人认为，宇宙中所有的常数都恰好允许人类的存在，这是一种几乎不可能的巧合。

罗韦利：我想这是一个错误。你的祖父祖母、外公外婆都是在那么精确的时间相遇，结婚，生子，才有了你——他们的生活是完全为了你的存在而存在的——但其实这是一种错误的思维方式。你因为你的祖父祖母、外公外婆而存在，你是他们存在的结果。作为人类，我们适应宇宙中各种常数而存在，而不是反之。当然了，如果宇宙中的常数是其他数值，人类就不可能存在，但是可能会出现其他的存在形式。

如果我的祖父在那一天没有遇到我的祖母，而是在其他的什么地方跳舞，他就会遇到别的女人，有别的孩子——宇宙中的常数如果是其他数值，宇宙就会是另一个样子，有其他的存在形式，他们也会问自己，宇宙常数为什么偏偏是这样的数值？所以说，宇宙常数并不特殊，它也不是为了人类的存在而调整的，是我们来适应宇宙。所谓“人则原理”是错误的。我们观察到的宇宙是因为这样的常数而有了这样的形态。

苗千：那么“薛定谔的猫”还会困扰你吗？

罗韦利：“薛定谔的猫”正是量子力学的奇特之处的一个展示。我想我们需要分辨相对于猫的现实以及相对于外部观察者的现实。对于我们在盒子之外的观察者来说，这只猫既没有活也没有死，处于一种两者皆非的叠加态。但是对于猫来说，它要么活着，要么死掉了。我认为其中的关键就在于不认为存在一种一成不变的、客观的真实。真实是相对于某一个物理学系统而言的，所以我的关于量子力学的理解才被称为“关系性量子力学”。

苗千：你写了很多面向大众的“科普书”，这些书中的文字都非常有特点，具有诗意。这有某种特殊的用意吗？

罗韦利：一些科普书籍是为了对科学有热情的读者写的。我不单独为了这些人而写，我是为所有人而写。我的书里并不会涉及太多的科学细节问题，更多是介绍科学的理念。我试图把那种科学带来的激情和美感、我认为科学中最迷人的东西传递给读者，所以说我用这样的风格来写作就是一件很自然的事情了。可能因为我是一个意大利人，我的写作与美国科学家相比完全是不同的风格。我希望在一本书里涉及所有的问题，另外我还希望在书里把科学和哲学结合在一起。

我对于这本书的成功感到很惊讶。我的上一本书《七堂极简物理课》被翻译成了 41 种语言，卖出超过 100 万本。读者们很喜欢。我最新的一本书《时间的秩序》对我来说非常重要，因为我把我所知的关于时间的一切，涉及的一切问题，全都写了进去。我写到了很多科学问题，也介绍了很多关于科学的开放性问题，还有一些我感觉到有诗意的问题。我很高兴读者们能够欣赏这种写作方式。

新知拓展
图书推荐

《人类未来》

马丁·里斯著，姚嵩、丁丁虫译
上海交通大学出版社，2020 年

《DK 宇宙大百科》

马丁·里斯主编，余恒、张博、王靓、王燕平译
电子工业出版社，2014 年

《宇宙的起源》

约翰·巴罗著，黄静译
天津科学技术出版社，2020 年

《发现宇宙》

约翰·巴罗著，丁家琦译
北京联合出版公司，2021 年

《科学的画廊：图片里的科学史》

约翰·巴罗著，唐静、李盼译
人民邮电出版社，2022 年

《现实不似你所见：量子引力之旅》

卡洛·罗韦利著，杨光译
湖南科学技术出版社，2017 年

《七堂极简物理课》

卡洛·罗韦利著，文铮、陶慧慧译
湖南科学技术出版社，2016 年

《时间的秩序》

卡洛·罗韦利著，杨光译
湖南科学技术出版社，2019 年

《时间简史》

史蒂芬·霍金著，许明贤、吴忠超译
湖南科学技术出版社，2014 年

《无穷的开始：世界进步的本源》

戴维·多伊奇著，王艳红、张韵译
人民邮电出版社，2019 年

《真实世界的脉络：平行宇宙及其寓意》

戴维·多伊奇著，梁焰、黄雄译
人民邮电出版社，2016 年

《通向实在之路：宇宙法则的完全指南》

罗杰·彭罗斯著，王文浩译
湖南科学技术出版社，2014 年

新知拓展
电影推荐

克里斯托弗·诺兰：

《星际穿越》（2014）

《信条》（2020）

《奥本海默》（2023）

詹姆斯·沃德·布柯特：

《彗星来的那一夜》（2013）

《不一样的中学》

贾冬婷 等　著

这不是一本严格意义上的留学择校指南，它解决的是选择之外的种种困惑。打开它，了解英国的公学传统、美国的博雅理念、芬兰的教育奇迹和未来学校的创新可能。

《万万想不到的地理》

邢海洋　著

《三联生活周刊》资深主笔的地理科普“亲子书”，以新闻媒体人的敏锐、地理专业的视角、实地考察的见闻，从4个维度、41个问题出发，揭示现象背后的惊奇，解答孩子的地理之问。

《前沿答问：与14位物理学家的对话》

苗千　著

脱胎于《三联生活周刊》科学专栏“前沿”，看资深主笔与多位诺贝尔奖得主、顶尖物理学家的15篇对话，了解当今科学研究的前沿在哪里、科学思维应该怎样。